T0135589

AutoUni – Schriftenreihe

Band 55

AutoUni – Schriftenreihe

Band 55

Herausgegeben von
Volkswagen Aktiengesellschaft
AutoUni

Ansatz zur Gesamtfahrzeugsimulation für E-Fahrzeuge zur ganzheitlichen Energieeffizienzanalyse

Logos Verlag Berlin

AutoUni – Schriftenreihe

Herausgegeben von
Volkswagen Aktiengesellschaft
AutoUni
Brieffach 1231
38436 Wolfsburg
Tel.:   +49 (0) 5361 - 896-2104
Fax: +49 (0) 5361 - 896-2009
http://www.autouni.de

Bibliografische Information der Deutschen Nationalbibliothek

Die Deutsche Nationalbibliothek verzeichnet diese Publikation in der
Deutschen Nationalbibliografie; detaillierte bibliografische Daten sind
im Internet über http://dnb.d-nb.de abrufbar.

Zugleich: Dissertation, Kassel, Universität Kassel, 2013

ISBN 978-3-8325-3611-4
ISSN 1867-3635

Logos Verlag Berlin GmbH
Comeniushof, Gubener Str. 47,
10243 Berlin
Tel.:   +49 (0) 30 / 42 85 10 90
Fax: +49 (0) 30 / 42 85 10 92
http://www.logos-verlag.de

Ansatz zur Gesamtfahrzeugsimulation für E-Fahrzeuge zur ganzheitlichen Energieeffizienzanalyse

Vom Fachbereich 16 Elektrotechnik/Informatik
der Universität Kassel

zur Erlangung der Würde eines
Doktor-Ingenieurs (Dr.-Ing.)
genehmigte

Dissertation

von Dipl.-Ing. Florian Hofemeier
aus Bünde

Tag der Disputation: 30.09.2013

UNIKASSEL
VERSITÄT

Universität Kassel
Fahrzeugsysteme und Grundlagen der Elektrotechnik

Prof. Dr. rer. nat. Ludwig Brabetz

VOLKSWAGEN
AKTIENGESELLSCHAFT

Volkswagen Konzernforschung
Elektronik & Fahrzeug, Fahrzeugtechnik

Betreuer Dipl.-Ing. Tino Laue

Disclaimer

Veröffentlichungen über den Inhalt der Arbeit sind nur mit schriftlicher Genehmigung der Volkswagen Aktiengesellschaft zugelassen.

Die Ergebnisse, Meinungen und Schlüsse dieser Dissertation sind nicht notwendigerweise die der Volkswagen Aktiengesellschaft.

Vorwort

Die vorliegende Dissertation entstand während meiner Tätigkeit im Bereich Fahrzeugtechnik der Konzernforschung der Volkswagen AG in der Zeit zwischen August 2009 und Oktober 2011. Im Rahmen der Arbeit haben mich eine Reihe von Personen maßgeblich unterstützt, bei denen ich mich im Folgenden herzlich bedanken möchte.

Mein erster Dank gilt Prof. Dr. rer. nat. Ludwig Brabetz vom *Fachgebiet Fahrzeugsysteme und Grundlagen der Elektrotechnik* der Universität Kassel für die Betreuung der Arbeit. Mit großer Offenheit gegenüber meinen Vorstellungen hat er zu jeder Zeit mit wertvollen fachlichen Anregungen und ergänzenden Fragestellungen zum Gelingen dieser Arbeit beigetragen. Ebenso möchte ich an dieser Stelle Dr.-Ing. Mohamed Ayeb für die Begleitung und Unterstützung meiner Arbeit über die gesamte Entstehungszeit danken.

Mein weiterer Dank gilt Prof. Dr.-Ing. Markus Henke vom *Institut für Elektrische Maschinen, Antriebe und Bahnen* der TU Braunschweig sowie Prof. Dr.-Ing. Michael Fister vom *Fachgebiet Mechatronik mit dem Schwerpunkt Fahrzeuge* der Universität Kassel für die wertvollen Hinweise vor der finalen Fertigstellung sowie die Begutachtung der Arbeit bzw. die Unterstützung im Rahmen der Promotionskommission.

Für Ihre fachliche und überfachliche Unterstützung möchte ich mich bei meinen Kollegen, Dipl.-Ing. Tim Krapf und Dipl.-Ing. Holger Büschleb, bedanken. Besonderer Dank gilt meinem Betreuer bei Volkswagen, Dipl.-Ing. Tino Laue, der neben der fachlichen Unterstützung mit strategischem Weitblick optimale Arbeitsbedingungen für meine Arbeit geschaffen hat. Bedanken möchte ich mich darüber hinaus bei Dipl.-Ing. Achim Schröter für die wertvollen Hinweise zu vielen klimatisierungsrelevanten Fragestellungen.

Familie Krapf und Birgit Weiß danke ich für Ihren Einsatz und Ihre Sorgfalt bei der Korrektur dieser Arbeit.

Darüber hinaus möchte ich Dipl.-Ing. Sebastian Rüger, Dr.-Ing. Marco Fleckner und Dipl.-Ing. Stephan Müller von der Porsche AG sowie Marc Leonard von McLaren Automotive Ltd. danken, die mich auf meinem Werdegang maßgeblich unterstützt und gefördert haben.

Schließlich möchte ich mich bei meinen Eltern bedanken, die mich stets unterstützt und ermutigt haben, meine Ziele zu verfolgen. Ein spezieller Dank gilt natürlich meiner Frau Isabelle, die mich während der gesamten Zeit unterstützt sowie motiviert, und auch mit liebevoller Nachsicht intensive Arbeitsphasen begleitet hat.

Zusammenfassung

Vor dem Hintergrund einer sich in wichtigen Absatzmärkten weltweit verschärfenden CO_2-Regulierung und in Verbindung mit langfristigen gesellschaftlichen Trends zu nachhaltigem Handeln und einer zunehmenden Urbanisierung, spielt die Entwicklung alternativer Antriebskonzepte für die Automobilindustrie eine wichtige Rolle. Rein elektrisch angetriebene Fahrzeuge als Null-Emissions-Fahrzeuge können hier sowohl zur Zielerreichung der gesetzlichen Flottenziele beitragen, als auch den Kundenwunsch einer nachhaltigen Individualmobilität erfüllen. Eine wesentliche Herausforderung bei der Entwicklung rein elektrisch angetriebener Fahrzeuge ist hierbei die Darstellung einer marktgerechten elektrischen Reichweite. Da aufgrund von Package- und Kostenrestriktionen der Batterieenergieinhalt von E-Fahrzeugen begrenzt ist, ist die effiziente Nutzung der Energie wesentlich für die Realisierung eines wettbewerbsüberlegenen Fahrzeugkonzeptes.

Das Potential einer Optimierung des elektrischen Antriebsstranges ist aufgrund der gegenüber konventionellen Fahrzeugen prinzipbedingt effizienteren Energiewandlungsvorgänge begrenzt, so dass andere Handlungsfelder an Bedeutung gewinnen. Ein integriertes Thermomanagementkonzept unter Verknüpfung von Antriebs- und Komfortfunktionen mit dem Ziel, zu jeder Zeit eine optimale Verteilung der verfügbaren Wärme im Gesamtfahrzeug zu gewährleisten, stellt hierbei einen vielversprechenden Ansatz dar. Mittels Gesamtfahrzeugsimulation lässt sich die hohe Komplexität eines solchen Systems in einer frühen Phase des Entwicklungsprozesses beherrschen.

Im Rahmen dieser Arbeit wurde ein Gesamtfahrzeugmodell konzipiert, aufgebaut und validiert, welches die Prognose der relevanten elektrischen, mechanischen und thermischen Energieströme transient unter verschiedenen Last- und Umgebungsbedingungen ermöglicht. Durch den modularen Aufbau über die Kopplung von Teilmodellen konnte eine teilweise Nutzung vorhandener valider Modelle sichergestellt sowie gleichzeitig die Übertragbarkeit auf andere Fahrzeugprojekte im Sinne einer Baukastenstruktur vorgehalten werden.

Ferner wurde eine Methode zur ganzheitlichen Systembewertung unter grenzbetriebs- und kundenrelevanten Bedingungen entwickelt. Mit dieser Methode wird eine marktabhängige Bewertung von fahrzeugtechnischen Maßnahmen unter Berücksichtigung der gegenläufigen Zieldimensionen Traktions- bzw. Fahrleistung, Energieeffizienz und Insassenkomfort ermöglicht.

Der Funktionsnachweis der entwickelten Gesamtfahrzeugsimulation sowie der Bewertungsmethodik erfolgte beispielhaft für ein innovatives System zum Heizen und Kühlen des Fahrgastraumes.

Abstract

Against the background of a CO_2 legislation becomming more and more thightened in key markets worldwide and in conjunction with social megatrends as sustainability and urbanization, the development of alternative drives plays an important role for vehicle manufacturers. Electric vehicles as zero emission vehicles can contribute to fulfil mandatory fleet targets as well as meet customer expectations on sustaining mobility. A substantial challenge within the development of electric vehicle is the provision of a vehicle range in line with the market. As the battery's energy is limited due to package and costs, an efficient use of the energy is essential for a vehicle concept being superior to competitive ones.

Compared to conventional vehicles, the energy conversion within an electric drive is more efficient. As a result, the effect of an optimization in this field is limited. Consequently other fields of optimization gain importance. A promising approach is a highly integrated thermal management, which is connecting propulsion and comfort functions and that performs a transient, optimal distribution of the thermal energy available within the vehicle. In an early stage of the development process, such complex systems can only be handled by the use of vehicle simulation.

In this thesis a simulation environment for the prediction of all relevant electrical, mechanical and thermal energy flows within electric vehicles under extreme as well as customer-relevant conditions was designed, build up and verified. By coupling partial models, a modular structure and a use of already existing models was achieved. As a result, the use of submodels within other vehicle projects - in the sense of a matrix - is possible.

Additionally an integral approach for system assessment under extreme and customer-relevant conditions was developed. With this method, technical measures can be evaluated for different markets, taking the trade-off between traction performance, energy efficiency and cabin comfort into account.

The proof of concept of the simulation environment and the assessment method was undertaken by assessing an innovation system for cooling and heating of the cabin.

Inhaltsverzeichnis

Abbildungsverzeichnis

ix

Tabellenverzeichnis

Symbolverzeichnis

Lateinische Symbole

A	m^2	Fläche
D	m	Durchmesser
E	J	Energie(bedarf)
F	N	Kraft
$\dot{H}$	$\frac{W}{s}$	Enthalpiestrom
I	A	Strom
$\hat{I}$	A	Strangstrom
K	€	Kosten für Zielwertüberschreitung
L	H	Induktivität
M	$-$	Modulationsgrad
P	W	Leistung
$\dot{Q}$	W	Wärmestrom
R	$\frac{K}{W}$	Wärmeleitwiderstand
SoC	$\%$	Ladezustand der Traktionsbatterie
U	V	Spannung
U	J	Innere Energie
V	m^3	Volumen
$\dot{V}$	$\frac{m^3}{s}$	Volumenstrom
Z	$-$	Polpaarzahl
a	$\frac{m^2}{s}$	Temperaturleitfähigkeit
c	$\frac{J}{(kg \cdot K)}$	Spezifische Wärmekapazität
$\bar{c}$	$\frac{J}{(kg \cdot K)}$	Mittlere spezifische Wärmekapazität
c_w	$-$	Luftwiderstandsbeiwert
d	m	(Wand-)Dicke
dA	m^2	Differentielles Flächenelement
f	$\frac{1}{s}$	(Schalt-)Frequenz

f_r	$-$	Rollwiderstandsbeiwert
g	$\frac{m}{s^2}$	Gravitationsbeschleunigung
h_i	$-$	Häufigkeit von i
i	$-$	Übersetzungsverhältnis Triebstrang
j	$-$	Colburn-Faktor
k	$\frac{W}{m^2 \cdot K}$	Wärmedurchgangskoeffizient
l	m	Länge
m	kg	Masse
$\dot{m}_L$	$\frac{kg}{s}$	Luftmassenstrom der trockenen Luft
n	$-$	Anzahl
p	Pa	Druck
$\dot{q}$	$\frac{W}{m^2}$	Wärmestromdichte
$\dot{q}_{Solar}$	$\frac{W}{m^2}$	Solarstrahlung
r	$\frac{J}{kg}$	Verdampfungswärme des Kondensats
r_0	$\frac{J}{kg}$	Verdampfungswärme von Wasser bei 0°C
r_f	$\%$	Relative Luftfeuchte
t	s	Zeit
u	$\frac{J}{kg}$	Spezifische Innere Energie
v	$\frac{m}{s}$	Geschwindigkeit
w	$-$	Wichtungsfaktor
x	$\frac{kg_{\text{Wasser}}}{kg_{\text{trockene Luft}}}$	Absolute Feuchte
y	m	Länge

Griechische Symbole

Δ	$-$	(Anfangs-)Simplex
$\Delta\dot{H}_{HKG}$	$\frac{W}{s}$	Enthalpiestromänderung über das Heizungs-/Klimagerät
ΔU	V	Spannungsabfall
Γ	$\frac{gCO_2}{km}$	Flottenemissionen
Θ	K	(Thermodynamische) Temperatur
Φ	$-$	Einstrahlzahl
α	$\frac{W}{m^2 \cdot K}$	Wärmeübergangskoeffizient
α_{exp}	$-$	Expansionsfaktor
α_λ	$-$	Absorptionsgrad

α_{St}	$\%$	Fahrbahnsteigung
β	rad	Einfallswinkel
γ_λ	$-$	Transmissionsgrad
ϵ	$-$	Emissionsgrad
ζ	$-$	Widerstandszahl
η	$-$	Wirkungsgrad
ϑ	$°C$	Temperatur
ι	mm	Geometriegrößen zur Berechung des Colburn-Faktors
ι_Θ	$°$	Winkel der Ausstellungen
κ	$-$	Anteil
λ	$\frac{W}{m \cdot K}$	Wärmeleitfähigkeit
μ	$\frac{m^2}{s}$	Kinematische Viskosität
ρ	$\frac{kg}{m^3}$	Dichte
ρ_λ	$-$	Reflexionsgrad
σ	$\frac{W}{m^2 \cdot K^4}$	Stefan-Boltzmann-Konstante
$cos(\varphi)$	$-$	Leistungsfaktor
ψ	Wb	Magnetischer Fluss

Indizes

BC	Batterietrog
BK	Betriebskosten
CS	Kühlsystem
$E\text{-}A\text{-}M$	E-Antriebs-Modul (Pulswechselrichter und Elektrische Maschine)
D	Wasserdampf
D	Diode
E	Ebene
EKK	Elektrischer Kältemittelkompressor
F	Fluss
FE	Fahreffizienz
FGR	Fahrgastraum
FP	Fahrperformance
FTD	Frontend
GH	Greenhouse
HKG	Heizungs-/Klimagerät
$HVBat$	Traktionsbatterie

HWT	Heizungswärmeübertrager
K	Konditionierung
KE	Klimaeffizienz
KK	Klimakomfort
KM	Kühlmedium
L	Luft
LE	Leistungselektronik
LG	Ladegerät
LK	Lack
LW	Luftwiderstand
OCV	Leerlauf-Spannung
PM	Permanentmagnet
POT	Potentiell
PTC	Positive Temperature Coefficient / PTC-Heizer
QS	Querspant
RAD	Strahlungshintergrund
SL	Schaltverlust
SN	Scheiben
$Solar$	Solarstrahlung
St	Steigungswiderstand
T	Transistor
U	Umgebung
V	Verlust
VD	Verdampfer
a	Beschleunigungswiderstand
e	Fahrtende
el	Rein elektrisch angetrieben
g	Gesamt
hyd	Hydraulisch
i	Innen
ist	Momentanzustand
kin	Kinetisch
$konv$	Konventionell angetrieben
p	Bei konstantem Druck

qs	Querspant
r	Rollwiderstand
ref	Referenz
rot	Rotatorisch
s	Start
v	Vorkonditionierung
w	Window
0	Fahrtantritt
1	Fluid 1
2	Fluid 2
∞	Unendlich

Hochgestellte Indizes

a	Zweitschlechtester Punkt
b	Bester Punkt
n	n-Dimensional
r	Reflektierter Punkt
s	Schlechtester Punkt

Abkürzungen

BAT	Traktionsbatterie
BKI	Betriebskostenindex
CFD	Computational Fluid Dynamics
COP	Coefficient of Performance
DBC	Direkt Bonded Copper
EM	Elektrische Maschine
FAT	Forschungsvereinigung Automobiltechnik e.V.
FEI	Fahreffizienzindex
FGR	Fahrgastraum
FPI	Fahrperformanceindex
HEV	Hybrid Electric Vehicle
HV	Hochvolt

$IGBT$	Insulated Gate Bipolar Transistor
KEI	Klimaeffizienzindex
KKI	Klimakomfortindex
KP	Klimapunkt
LE	Leistungselektronik
MPG	Miles per gallon / Meilen pro Gallone
$NEFZ$	Neuer Europäischer Fahrzyklus
NV	Niedervolt
OEM	Original Equipment Manufacturer
OCV	Open Circuit Voltage (Leerlaufspannung)
$PMSM$	Permanentmagnet-Synchronmotor
PT	Platin
RC	Widerstand (und) Kapazität
RMB	Renminbi
RNS	Radio-Navigations-System
SLI	Systemleistungsindex
SMK	Schwungmassenklasse
SoC	State of Charge
SOP	Start of Production
TIL	TLK-IfT-Library
$TISC$	TLK Inter Software Connector
TS	Triebstrang
$UNECE$	United Nations Economic Commission for Europe
USD	US-Dollar
WT	Wärmeübertrager (Wärmetauscher)

Gliederung der Arbeit

In **Kapitel 1** werden die wesentlichen gesetzlichen und ökonomischen Randbedingungen bei der Entwicklung rein elektrischer Fahrzeuge dargestellt und die aus Kundensicht wesentlichen Handlungsfelder identifiziert. Auf dieser Basis erfolgt anschließend die Ableitung der Zielsetzung dieser Arbeit.

In **Kapitel 2** werden als Grundlage für die weiteren Ausführungen die relevanten Wärmeübertragungsmechanismen dargestellt, siehe auch Abbildung 0.1. Nachfolgend wird der Stand der Technik beschrieben. Die Gliederung innerhalb dieses Abschnitts der Arbeit orientiert sich am Wärmehaushalt innerhalb eines Kraftfahrzeugs. Hierbei werden in einem ersten Schritt die wesentlichen Energiewandlungsvorgänge und die auftretenden Wandlungsverluste, im Folgenden auch als thermische Quellen bezeichnet, dargestellt. Nach der Einführung der Systeme zur thermischen Konditionierung, wie z.B. den Fluidkreisläufen des Fahrzeugs, welche die Wärme im Gesamtsystem verteilen, folgt schließlich die Darstellung der relevanten thermischen Speicher.

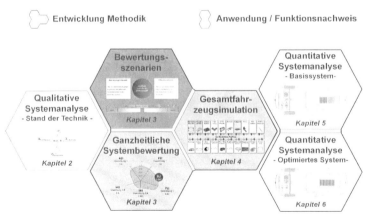

Abbildung 0.1 Gliederung der Arbeit

In **Kapitel 3** wird der strukturelle und methodische Lösungsansatz dieser Arbeit in Form der gekoppelten Gesamtfahrzeugsimulation vorgestellt. Ferner werden die Bewertungsszenarien, unter denen später eine Maßnahmenbewertung erfolgt, abgeleitet sowie eine ganzheitliche Methodik zur Bewertung von Energieeffizienzmaßnahmen und optimierten Systemen, Komponenten sowie Steuer- und Regelalgorithmen entwickelt.

Die wesentlichen Teilmodelle der gekoppelten Gesamtfahrzeugsimulation werden in **Kapitel 4** beschrieben. Hierbei werden sowohl wesentliche Teile der inhaltlichen Umsetzung als auch die durchgeführten Arbeiten zur Validierung vorgestellt. Auf dieser Basis erfolgt in **Kapitel 5** die Analyse des Referenzsystems unter den unterschiedlichen Bewertungsszenarien für den Grenzbetrieb und den kundenrelevanten Betrieb im Jahresmittel. Ferner wird durch eine Sensitivitätsanalyse der Einfluss der gewählten Bewertungsszenarien exemplarisch für den Grenzbetrieb dargestellt.

Die Betrachtungen für das Referenzsystem bilden – in Verbindung mit einer Wärmequellen- und -senkenanalyse – die Grundlage für den in **Kapitel 6** vorgestellten Ansatz zur ganzheitlichen Systemoptimierung, bei der als „proof-of-concept" die Anwendung der in Kapitel 3 erarbeiteten Methodik für eine modifiziertes Fahrzeug mit Kompressionswärmepumpe dargestellt wird.

Kapitel 7 bildet mit einem Fazit sowie einem Ausblick auf Folgearbeiten den Schluss dieser Arbeit.

1 Einleitung und Motivation

Bei der Entwicklung rein elektrisch angetriebener Fahrzeuge gibt es eine Vielzahl ökonomischer, ökologischer und gesellschaftssoziologischer Faktoren, die gegenwärtige und zukünftige Entwicklungsaktivitäten beeinflussen. Die Einschätzungen der zukünftigen Entwicklung von zum Beispiel marktgerechten Konzepten und erzielbaren Stückzahlen auf der einen Seite, von CO_2-Konzentrationen in der Atmosphäre, mittlerer Erdtemperatur und verfügbaren fossilen Kraftstoffe auf der anderen Seite, stellen sich – auch aufgrund einer nicht klar herausgebildeten Marktstruktur – sehr heterogen und oftmals in Abhängigkeit der jeweiligen Interessenlage dar.

Insgesamt kann man sagen, dass sich langfristig aus politisch-ökologischer und soziologischer Sicht zwei wesentliche Entwicklungen abzeichnen, die eine Markteinführung und -durchdringung von rein elektrisch angetriebenen Fahrzeugen unterstützen.

Zum einen wurde im Copenhagen Accord von 2009 das gemeinsame politische Ziel der EU- und G8+5-Staaten formuliert, bis 2050 die Erderwärmung auf weniger als 2 K im Vergleich zum vorindustriellen Niveau zu begrenzen [88], [52]. Für die CO_2-Emissionen aus dem Individualverkehr bedeutet dieses Ziel eine Reduktion um 90 % auf ca. 20 Gramm CO_2 pro km. Dieses Ziel ist mit konventionellen Antrieben oder Hybridantrieben nicht zu erreichen. Für ein Erreichen dieser CO_2-Flottenzielwerte ist ein signifikanter Anteil rein elektrisch angetriebener Fahrzeuge oder Plug-in Hybridfahrzeugen mit hohen elektrischen Reichweiten an den Neuwagenflotten weltweit erforderlich, wobei die Energie zum Betrieb dieser Fahrzeuge überwiegend aus regenerativen Quellen zu gewinnen ist.

Zum anderen sind aus gesellschaftlicher Sicht globale Megatrends als Treiber der Veränderungen der Mobilitätsbedürfnisse erkennbar, welche eine zunehmende Nachfrage nach rein elektrisch angetriebenen Fahrzeugen erwarten lassen [101]. Hierzu gehört zum Beispiel die zunehmende Urbanisierung – Prognosen zufolge werden im Jahr 2015 alleine in China 900 Millionen Menschen in Städten leben – sowie die steigende Zahl an Megacities[1], für welche eine lokal emissionsfreie Mobilität zunehmend an Bedeutung gewinnen wird [2].

---

[1]Städte mit mindestens 8 Mio. Einwohnern

1.1 Motivation für die Entwicklung rein elektrisch angetriebener Fahrzeuge

In den folgenden Kapiteln wird in komprimierter Form dargestellt, was aus Sicht der Automobilindustrie kurz- und mittelfristig als die wesentlichen Treiber für die Entwicklung von rein elektrisch angetriebenen Fahrzeugen anzunehmen sind. Hierbei sind zum einen die gesetzlichen Rahmenbedingungen von Bedeutung, die auf Seiten der Kraftfahrzeughersteller die Entwicklung alternativer Antriebe forcieren. Zum anderen spielen die wirtschaftlichen Rahmenbedingungen auf Seiten der Konsumenten eine wesentliche Rolle bei der Kaufentscheidung.

1.1.1 Globale gesetzliche Rahmenbedingungen

In der **Europäischen Union** trat im April 2009 die EU-Verordnung zur Festsetzung von Emissionsnormen für neue Personenkraftwagen in Kraft [24]. Danach soll der CO_2-Ausstoß der Neuwagenflotte aller Hersteller in Europa bis zum Jahr 2015 auf durchschnittlich 130 Gramm CO_2 pro Kilometer, bis zum Jahr 2020 auf durchschnittlich 95 Gramm CO_2 pro Kilometer gesenkt werden. Durch zusätzliche Maßnahmen, die so genannten „Complementary Measures"[2], soll eine Reduktion um weitere 10 Gramm erzielt werden, wobei die eine Hälfte durch fahrzeugtechnische Maßnahmen seitens der Hersteller von Kraftfahrzeugen, die andere Hälfte durch die Einführung kohlenstoffärmerer Kraftstoffe seitens der Mineralölindustrie zu leisten sein wird. Der zu erreichende Flottenmittelwert für einen einzelnen Hersteller errechnet sich in Abhängigkeit vom mittleren Fahrzeuggewicht seiner verkauften Neuwagenflotte im jeweiligen Jahr.

Bis 2015 erfolgt eine stufenweise Einführung der EU-Verordnung. So müssen im Jahr 2012 65 % aller in der EU verkauften Neuwagen eines Herstellers im Mittel weniger CO_2 als der herstellerindividuelle Zielwert emittieren, im Jahr 2013 75 %, im Jahr 2014 80 % und schließlich im Jahr 2015 100 % aller in der EU verkauften Neuwagen.

Sollte ein Hersteller seinen individuellen gewichtsabhängigen Zielwert nicht erreichen, sind ab 2019 pro verkauftem Fahrzeug 95 € für jedes Gramm CO_2 oberhalb des Zielwertes im Flottenmittel als Strafzahlung zu leisten. In der Übergangszeit wird eine Überschreitung mit einer gestaffelte Strafzahlung von 5 € für das erste Gramm CO_2, 15 € für das zweite Gramm CO_2, 25 € für das dritte Gramm CO_2 und schließlich 95 € für jedes weitere Gramm CO_2 geahndet.

Für rein elektrisch angetriebene Fahrzeuge wird seitens des Gesetzgebers ein CO_2-Ausstoß von 0 Gramm CO_2 pro Kilometer angesetzt. Die Emissionen bei der Wandlung der elektrischen Energie aus anderen Energieformen werden hierbei nicht berücksichtigt; relevant sind lediglich die lokalen Emissionen des Fahrzeugs. Zur Förde-

---

[2]Verbrauchsmaßnahmen, die zu einer Verringerung des Kraftstoffverbrauchs im Kundenbetrieb führen, jedoch nicht im Rahmen der Zulassung wirksam sind

rung innovativer Antriebskonzepte wie rein elektrisch angetriebener Fahrzeuge oder Plug-in HEVs zählen Fahrzeuge mit einem CO_2-Ausstoß von weniger als 50 Gramm CO_2 pro km in den Jahren 2012 bis 2013 wie 3,5 Fahrzeuge, im Jahr 2014 wie 2,5 Fahrzeuge sowie schließlich im Jahr 2015 wie 1,5 Fahrzeuge. Durch den Verkauf eines rein elektrisch angetriebenen Fahrzeuges kann somit beispielsweise nicht nur ein Fahrzeug mit einem CO_2-Ausstoß, welcher doppelt so hoch wie der jeweilige Grenzwert ist, kompensiert werden; sondern darüber hinaus ein weiterer positiver Beitrag für das Erreichen des Flottenzielwertes geleistet werden. Einen entsprechenden Anteil an der Neuwagenflotte eines Herstellers vorausgesetzt, können rein elektrisch angetriebene Fahrzeuge daher einen Beitrag zum Erreichen der gesetzlich geforderten CO_2-Zielwerte leisten.

Überschreitet beispielsweise im Jahr 2020 ein Hersteller seinen individuellen Zielwert Γ_g, könnten pro zusätzlich abgesetzten rein elektrisch angetriebenem Fahrzeug Strafzahlungen K in Höhe von ca. 10.000 € – in Abhängigkeit vom herstellerindividuellen Zielwert Γ_g – vermieden werden, vgl. Gleichungen 1.1 und 1.2:

$$\frac{dK}{dn_{el}} = \frac{d}{dn_{el}} \left[\left(\frac{\Gamma_{konv} \cdot n_{konv} + \overbrace{\Gamma_{el}}^{=0} \cdot n_{el}}{n_{konv} + n_{el}} - \Gamma_g \right) \cdot 95 \frac{€}{\frac{gCO_2}{km}} \cdot (n_{konv} + n_{el}) \right]$$
$$= \frac{d}{dn_{el}} \left((\Gamma_{konv} - \Gamma_g) \cdot n_{konv} - \Gamma_g \cdot n_{el} \right) \cdot 95 \frac{€}{\frac{gCO_2}{km}} \tag{1.1}$$

mit

Γ_{konv}	Mittlere CO_2-Emissionen der konventionellen Fahrzeuge eines Herstellers im betrachteten Jahr
Γ_{el}	Mittlere CO_2-Emissionen der rein elektrisch angetriebenen Fahrzeuge eines Herstellers im betrachteten Jahr

Für geringe Delta-Volumen bei großer Anzahl an konventionellen Fahrzeugen haben die zusätzlichen rein elektrisch angetriebenen Fahrzeuge vernachlässigbare Auswirkungen auf die Flottenemissionen des jeweiligen Herstellers; damit gilt bei Überschreitung des Zielwertes näherungsweise

$$\frac{dK}{dn_{el}} = -\Gamma_g \cdot 95 \frac{€}{\frac{gCO_2}{km}} . \tag{1.2}$$

In den **USA** wird durch die *"Corporate Average Fuel Economy"* (CAFE)- Standards ein ähnliches Ziel verfolgt. Dort wird für Personenkraftwagen für die Modelljahre 2012 bis 2016 eine Absenkung des Kraftstoffverbrauches von 33,3 mpg (ca.

7,1 l/100 km) auf 37,8 mpg (ca. 6,2 l/100 km) im Mittel über die Neuwagenflotte gefordert [63]; dies entspricht zum Beispiel für Fahrzeuge mit Ottomotor einer geforderten Reduktion der CO_2-Emissionen von 169 Gramm CO_2 pro km auf 148 Gramm CO_2 pro km. Die Skalierung der Zielwerte wird im Gegensatz zur Gesetzgebung in der Europäischen Union nicht auf Basis des Fahrzeuggewichts, sondern auf Basis des „Fußabdrucks" eines Fahrzeugs, dem Produkt aus Spurweite und Achsabstand, vorgenommen. Wird durch einen Hersteller das vorgegebene Verbrauchsziel für die Neuwagenflotte nicht erreicht, wird für jedes Neufahrzeug eine Strafzahlung in Höhe von 5,50 $ pro 0,1 mpg mittlerem Verbrauch der Neuwagenflotte unterhalb des Flottenzielwertes erhoben.

Auch in den USA wird der CO_2-Ausstoß von rein elektrisch angetriebenen Fahrzeugen mit 0 Gramm CO_2 pro km angesetzt. Zusätzlich gehen EVs mit einem noch festzusetzenden Multiplikator größer Eins (Vorschlag von NHTSA[3] und EPA[4] 1,2 bis 2 [17]) in die Berechnung der CO_2-Emissionen der Neuwagenflotte ein.

Darüber hinaus sind von Herstellern, die über 60.000 Fahrzeuge[5] im Jahr in den sog. Section-177-Bundesstaaten[6] verkaufen, die Anforderungen der Zero Emission Vehicle (ZEV)-Gesetzgebung voll zu erfüllen [14]. Für diese Hersteller wird gefordert, dass ein definierter Anteil der innerhalb eines Jahres verkauften Fahrzeuge ZEVs sind – beispielhaft für das Jahr 2015 14 %. In Abhängigkeit der Fahrzeugtechnologie können einzelne Fahrzeuge mehrfach über sog. „Credits" in die Flottenrechnung eingehen. Die Zielerfüllung kann allerdings nicht durch den Einsatz beliebiger Technologien erfolgen, sie ist Restriktionen unterworfen. Für das Jahr 2015 ist zum Beispiel ein Mindestanteil von 3 % der Kategorie „Gold" (ausschließlich Brennstoffzellenfahrzeuge und E-Fahrzeuge) zu erfüllen.

Für rein elektrisch angetriebene Fahrzeuge gilt, dass diese in Abhängigkeit ihrer Reichweite zwei- bis dreifach (mit 2 bis 3 Credits) in die Flottenrechnung eingehen. Kann ein Hersteller keine Brennstoffzellenfahrzeuge anbieten, sind rein elektrisch angetriebene Fahrzeuge die einzige Möglichkeit, den Anforderungen der ZEV-Gesetzgebung zu genügen und damit Strafzahlungen in Höhe von 5000 $ pro fehlendem Credit zu vermeiden.

In **China** findet aktuell für Einzelfahrzeuge aus lokaler Produktion der Kraftstoffverbrauchsstandard *Phase II* mit gewichtsabhängigen Verbrauchsobergrenzen Anwendung, siehe Abbildung 1.1. Auf importierte Fahrzeug ist eine Anwendung nicht ausgeschlossen, findet aber im Moment nicht statt.

Darüber hinaus ist seit dem 01.01.2012 die Kraftstoffverbrauchsgesetzgebung *Phase III* in Kraft. Im Rahmen der Phase III wird im Flottenmittel ein Kraftstoffverbrauch von mindestens[7] kleiner gleich 6,9 l/100 km gefordert. Für die Jahre 2012

---

[3]National Highway Traffic Safety Administration
[4]Environmental Protection Agency
[5]Ab 4501 Fahrzeugen müssen die ZEV-Kriterien teilweise erfüllt werden.
[6]Californien, Connecticut, Maine, Maryland, Massachusetts, New Jersey, New York, Oregon, Rhode Island, Vermont, Washington
[7]Der flottenindividuelle Zielwert wird in Abhängigkeit des mittleren Fahrzeuggewichts einer Flotte festgelegt, beträgt im Maximum aber 6,9 l/100 km.

Abbildung 1.1 Fahrzeugindividuelle Verbrauchsobergrenzen für Fahrzeuge aus lokaler Produktion in China (Phase II, CO_2-Emissionen für Ottokraftstoff)

bis 2014 gibt es ein Phase-in mit kleiner gleich 7,5 l/100 km in 2012, kleiner gleich 7,3 l/100 km in 2013 und kleiner gleich 7,1 l/100 km in 2014. Bei der Zusammensetzung der Fahrzeugflotten dürfen lokal produzierte und importierte Fahrzeuge nicht gemeinsam in einer Flotte verrechnet werden.

Die Sanktionen bei Nicht-Erreichen der Flottenzielwerte sind derzeit noch nicht definiert. Bei Nicht-Erreichen der Zielwerte sind möglicherweise gestaffelte Strafzahlungen von 500 RMB[8] (ca. 60 €[9]) pro Fahrzeug für einen Kraftstoffverbrauch bis 6,1 l/100 km bis hin zu 40000 RMB (ca. 4600 €[9], Fahrzeuge mit einem Kraftstoffverbrauch über 7,4 l/100 km) zu leisten.

Für besonders verbrauchsarme Fahrzeuge gibt es im Rahmen der Phase III Anreizmechanismen. So gehen beispielsweise Elektrofahrzeuge mit einem Verbrauch von 0 l/100 km 5-fach in die Flottenrechnung ein.

Für den Zeitraum 2016 bis 2020 ist mit einer weiteren Absenkung der Verbrauchsgrenzen in China zu rechnen; aktuell ist im Rahmen der *Phase IV* ein Flottenzielwert von 5,0 l/100 km in 2020 in Diskussion.

1.1.2 Globale wirtschaftliche Rahmenbedingungen

Im Folgenden soll eine kurze Übersicht über die wirtschaftlichen Rahmenbedingungen für rein elektrisch angetriebene Fahrzeuge gegeben werden, wobei der Fokus auf den staatlich initiierten Programmen zur Absatzförderung liegt. Grundsätzlich ist zwischen einmaligen Förderungen beim Kauf des Fahrzeugs und (zeitlich begrenzten) Förderungen während der Nutzungsphase des Fahrzeugs zu unterscheiden.

---

[8]Renminbi
[9]Umrechnung auf Basis des Wechselkurses vom 15.09.2011

In der **Europäischen Union** stellt sich die Situation zwischen den einzelnen Ländern in Bezug auf Förderart und Höhe der Förderung sehr heterogen dar. So wird in Deutschland beispielsweise keine einmalige Förderung beim Kauf eines Fahrzeuges gewährt, während der Kauf eines rein elektrisch angetriebenen Fahrzeugs in Spanien einmalig mit bis zu 6000 €, zum Beispiel auf Basis einer CO_2-abhängigen Zulassungssteuer, subventioniert wird [33].

Nach dem Fahrzeugkauf findet in vielen europäischen Ländern eine Förderung über eine CO_2-abhängige Besteuerung der Fahrzeugnutzung statt. So sind in Deutschland Halter eines Elektrofahrzeuges für die Dauer von fünf Jahren ab dem Tag der erstmaligen Zulassung von der Kraftfahrzeugsteuer befreit [12]. Zukünftig ist eine Förderung bei Kauf eines Elektrofahrzeuges auch in Deutschland in der Diskussion; im Rahmen der Nationalen Plattform Elektromobilität wurde ein Vorschlag erarbeitet, in der Phase des Markthochlaufes ab 2013, Steuernachlässe in Höhe von 100 bis 150 € pro kWh Bruttokapazität der Traktionsbatterie[10] zu gewähren [61].

In Abbildung 1.2 sind die unterschiedlichen Ausprägungen einer CO_2-abhängigen Steuer bzw. Förderung innerhalb Europas dargestellt.

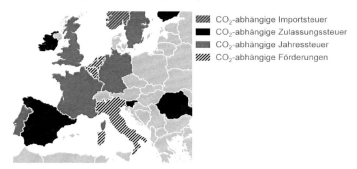

Abbildung 1.2 CO_2-abhängige Kraftfahrzeugsteuern in Europa (nach [73])

Eine Förderung von Forschungs- und Entwicklungsvorhaben im industriellen Sektor findet auf europäischer Ebene unter anderem über das 7. EU-Forschungsrahmenprogramm statt; das Fördervolumen für den gesamten Verkehrssektor im Zeitraum 2007 bis 2013 beläuft sich auf ca. 4 Mrd. €. Ein Teil des 7. EU-Forschungsrahmenprogramms ist die European Green Cars Initiative, eine Public Private Partnership mit dem Ziel, Forschung und Entwicklungsvorhaben im Bereich sicherer und nachhaltiger Mobilität, insbesondere der Elektromobilität, zu fördern. Das Fördervolumen für Phase 1 beträgt 108 Mio. € [66].

Ergänzt werden die Förderaktivitäten auf europäischer Ebene durch nationale Förderprogramme. So werden in Deutschland beispielweise 500 Mio. € für Forschung und Entwicklung über den Nationalen Entwicklungsplan für Elektromobilität im

---

[10]bis zu einer maximalen Batteriekapazität (brutto) von 20 kWh

Rahmen des Konjunkturpaketes II bereitgestellt, bis 2013 in Frankreich 400 Mio. €
für die Entwicklung alternativer Antriebe [2].

In den **USA** wird auf Seiten der Konsumenten der Kauf eines rein elektrisch angetriebenen Fahrzeuges mit umgerechnet bis zu 5300 €[11] sowie weiteren 1300 €[11] beim
Bau einer Ladestation gefördert [33]. Auf Seiten der Industrie werden die Technolo-
gieentwicklung von Komponenten für rein elektrisch angetriebene Fahrzeuge sowie
Infrastrukturentwicklungen mit 2,4 Mrd. USD (ca. 1,7 Mrd. €[11]) gefördert [13].

In **China** ist die Höhe der privaten Förderung an die Nennkapazität der im Fahrzeug verbauten Batterie gekoppelt; für ein rein elektrisch angetriebenes Fahrzeug
mit einer Nennkapazität der Traktionsbatterie von 20 kWh wird beispielsweise eine
Förderung in Höhe von 60000 RMB (ca. 6900 €[11]) gewährt [74]. Zur Förderung
der Forschungs- und Entwicklungsaktivitäten sowie zum Ausbau der Infrastruktur
sollen bis 2020 130 Mrd. RMB (ca. 15 Mrd. €[11]) bereitgestellt werden [67].

1.1.3 Wettbewerb

Nahezu jeder große Automobilhersteller plant bis einschließlich 2013 die Markteinführung mindestens eines rein elektrisch angetriebenen Fahrzeugs. Hierbei werden
eine Vielzahl von Fahrzeugklassen vom A000-Segment (z.B. die dritte Generation
des Smart Fortwo ED im Frühjahr 2012, der Volkswagen e-up! Anfang November
2013), über das A-Segment (z.B. BMW i3 im Oktober 2013) bis hin zu Sportwagen
(z.B. Mercedes-AMG SLS AMG E-CELL in 2013 [23]) besetzt. Im Folgenden werden
exemplarisch Renault als europäischer sowie Mitsubishi als asiatischer Automobilhersteller näher betrachtet.

Unter den europäischen Automobilherstellern nimmt **Renault** mit seinem Z.E. (Zero
Emission)-Programm eine Sonderstellung ein. Der Grund hierfür ist zum einen, dass
Renault den rein elektrischen Antrieben gegenüber anderen alternativen Antrieben
(zum Beispiel Hybridantrieben) klar Vorrang bei der Verteilung der Entwicklungs-
kapazitäten einräumt [84], zum anderen die Breite des Produktportfolios bei der
Einführung. So plant Renault, bis Mitte 2013 vier rein elektrisch angetriebene Fahrzeuge in unterschiedlichen Marktsegmenten – Fluence Z.E. und Kangoo Z.E. als
Derivate konventionell angetriebener Fahrzeuge, Zoe Z.E. und Twizy Z.E. als reine
E-Fahrzeuge (Purpose Design) – auf den Markt zu bringen. In Allianz mit Nissan
sollen bis zum Jahr 2015 Produktionskapazitäten für bis zu einer halben Million rein
elektrisch angetriebener Fahrzeuge jährlich entstehen.

Mitsubishi ist gegenüber anderen OEMs durch die frühe Markteinführung eines
rein elektrisch angetriebenen Fahrzeugs in Erscheinung getreten. Der i MiEV ist seit
2009 in Japan sowie Europa (als Rechtslenker, Linkslenker seit 2010) erhältlich [53].
Mit seinen Abmaßen von knapp 3,4 m Länge und weniger als 1,5 m Breite gehört der
Mitsubishi i zu den in Japan populären Kei-Cars, für die dort Steuererleichterungen
gewährt werden. Durch kompakte Fahrzeugabmessungen und eine kleine Stirnfläche

---

[11]Umrechnung auf Basis des Wechselkurses vom 15.09.2011

bietet das Fahrzeug gute Voraussetzungen für die Darstellung eines im Vergleich zum Wettbewerb geringen Energieverbrauchs. Die mittlerweile ebenfalls erhältlichen Peugeot iOn und Citroën C-Zero sind in wesentlichen technischen Komponenten baugleich zum Mitsubishi i MiEV.

1.2 Herausforderungen bei der Entwicklung von rein elektrisch angetriebenen Fahrzeugen

Zur Identifizierung der Herausforderungen bei der Entwicklung von rein elektrisch angetriebenen Fahrzeugen wurden verschiedene Studien zu Marktchancen und Herausforderungen für die Elektromobilität aus Kundensicht analysiert, unter anderem die

- „2. Hybrid- und Elektrostudie" durch TNS / Infratest (2009) [93]
- Multi-Client-Studie „Kurz- und mittelfristige Erschließung des Marktes für Elektromobile" durch die Technomar GmbH, den TÜV SÜD und die Energie und Management Verlagsgesellschaft (2009) [89]
- Studie „Welche Chancen haben Elektrofahrzeuge in Deutschland?" durch die puls Marktforschung GmbH (2009) [2]
- Studie „Unplugged: Electric vehicle realities versus consumer expectations" durch Deloitte (2011) [28].
- Studie „Kaufpotenzial für Elektrofahrzeuge bei sogenannten Early Adoptern" (Endbericht) durch das Fraunhofer ISI (2012) [99]

Als Ergebnis der Analyse lassen sich die wesentlichen Handlungsfelder „Erhöhung der Reichweite", „Verringerung der Ladezeiten / Verbesserung der Ladeinfrastruktur" sowie „Verringerung der Anschaffungspreise" ableiten. Als zusätzliche Zieldimension wird darüber hinaus der Einfluss des Insassenkomforts auf die im Vorhergehenden genannten Handlungsfelder im Rahmen dieser Arbeit betrachtet.

1.2.1 Reichweite

Die begrenzte Reichweite rein elektrisch angetriebener Fahrzeuge stellt eines der wesentlichen Hemmnisse für eine deutliche Marktdurchdringung von E-Fahrzeugen dar. Die Anforderungen aus Kundensicht sind dabei marktspezifisch ausgeprägt; so wäre für 63 % der potentiellen Kunden in den USA eine Reichweite von weniger als 480 km inakzeptabel, während in Brasilien annähernd 50 % eine Reichweite bis 160 km für ausreichend erachten [28]. Die darstellbaren Reichweiten unter Normbedingungen[12] – das heißt im Wesentlichen ohne Komfort- und Nebenverbraucher –

---

[12]zum Beispiel für die Zulassung innerhalb Europas nach ECE-R 101 [86]

liegen für heute bzw. in Kürze am Markt verfügbare rein elektrisch angetriebene Fahrzeuge zum Teil deutlich unter diesen Werten, siehe Abbildung 1.3.

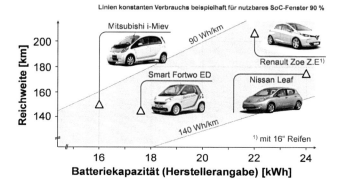

Abbildung 1.3 Reichweite ausgewählter E-Fahrzeuge (Segment A000 bis A) im NEFZ (Herstellerangaben) [16][58][64][71]

Die unter kundenrelevanten Bedingungen erzielbaren Reichweiten liegen in Abhängigkeit des gewählten Szenarios leicht darüber bis deutlich darunter. Insbesondere bei niedrigen Außentemperaturen in Verbindung mit einem hohen Komfortlevel im Fahrgastraum sinkt die maximal erzielbare Reichweite bei vielen Fahrzeugkonzepten aufgrund geringer im Fahrzeug verfügbarer Abwärmemengen deutlich.

Neben einer Erhöhung der Batteriekapazität, die sich allerdings negativ auf Kosten und Gewicht des Fahrzeugs auswirkt, lässt sich die Reichweite durch eine Reduktion des elektrischen Energieverbrauchs steigern. Hierzu kann neben fahrzeugtechnischen Energieeffizienzmaßnahmen, insbesondere unter kundenrelevanten Nutzungsszenarien, ein ganzheitliches Thermomanagementkonzept durch eine intelligente Verknüpfung der thermischen Quellen und Senken im Fahrzeug signifikant beitragen.

1.2.2 Laden und Vorkonditionieren

Die eingeschränkte Reichweite in Verbindung mit zeitintensiven Lade- bzw. Vorkonditionierungsphasen sind ursächlich für den eingeschränkten Aktionsradius rein elektrisch angetriebener Fahrzeuge. Die Optimierung des Lade- bzw. Vorkonditionierungsbetriebs stellt daher ein weiteres wesentliches Ziel bei der Darstellung eines aus Kundensicht optimalen Fahrzeugkonzeptes dar. Bezüglich der Ladeleistung – und damit verbunden der Ladedauer – lässt sich grundsätzlich zwischen AC- und DC-Ladevorgängen unterscheiden.

Bei einem AC-Ladevorgang stehen über das Niederspannungsnetz in der Regel in Europa 1-phasig 16 A bei 230 V (ca. 3,6 kW) bzw. in einigen Fällen auch 3-phasig

32 A bei 400 V (ca. 22 kW) zur Verfügung [56]. Höhere Ladeleistungen werden auf Basis einer Gleichstromladung (DC-Ladung) mittels einer ortsfesten Ladestelle realisiert. Die notwendigen Wandlungsvorgänge von Strom und Spannung werden hierbei außerhalb des Fahrzeugs vorgenommen; das im Fahrzeug befindliche Onboard-Ladegerät ist in diesem Fall kein Teil der Energiewandlungskette.

Ladevorgänge sind grundsätzlich durch die Energiewandlungsverluste innerhalb der Traktionsbatterie, thermische Verluste im Traktionsnetz sowie dem Leistungsbedarf der Steuergeräte verlustbehaftet. Zur Konditionierung des Onboard-Ladegerätes kommen bei AC-Ladevorgängen der energetische Aufwand für den Betrieb von Pumpen und Lüftern hinzu.

Findet während einer Ladephase eine aktive Vorkonditionierung des Fahrgastraumes und/oder Energiespeichers statt, steigt – bedingt durch den hierfür notwendigen zusätzlichen Energiebedarf – die Ladedauer an, sofern kein zweiter Anschluss für die Vorkonditionierung vorgehalten wird. Bei eingeschränkter Ladezeit geht der Leistungsbedarf der Vorkonditionierung damit zu Lasten der Ladeleistung der Traktionsbatterie. Gleichzeitig sinkt jedoch – bedingt durch den geringeren Energiebedarf im Fahrbetrieb – der Ladehub für den nachfolgenden Ladevorgang. Bei einer passiven Vorkonditionierung, wie zum Beispiel dem Konditionieren des Fahrzeugs in einer klimatisierten Garage, kommen diese Effekte nicht zum Tragen. In Abbildung 1.4 sind beispielhaft die Energieflüsse für einen AC-Ladevorgang ohne Vorkonditionierung sowie einen DC-Ladevorgang mit aktiver Vorkonditionierung dargestellt. Die Vorkonditionierung erfolgt in diesem Beispiel über das Hochvolt-Bordnetz.

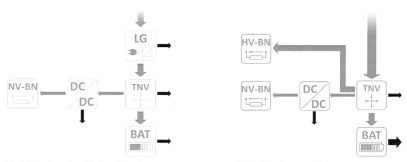

(a) AC-Laden ohne Vorkonditionierung   (b) DC-Laden mit Vorkonditionierung

Abbildung 1.4 Energieflüsse beim Laden / Vorkonditionieren (qualitative Darstellung)

Zu einer hinsichtlich Komfort, Energieeffizienz und Fahrzeugverfügbarkeit optimalen

Auslegung von Vorkonditionierungs- und Ladebetrieb ist eine genaue Kenntnis der transienten elektrischen und thermischen Energieströme innerhalb des Fahrzeugs sowohl im Stand als auch während der Fahrt erforderlich.

1.2.3 Wirtschaftlichkeit

Im Vergleich zu konventionellen Fahrzeugen gleicher Systemleistung sind die Kosten bei Kauf oder Leasing eines rein elektrisch angetriebenen Fahrzeuges höher. Ein Großteil der Mehrkosten wird durch die Traktionsbatterie verursacht, für die nach [85] für die Jahre 2012 - 2014 von einem Systempreis von ca. 500 € pro kWh ausgegangen wird.

Kommt es im Entwicklungsprozess eines rein elektrisch angetriebenen Fahrzeuges zu einer Ziellücke zwischen der auf Basis des aktuellen Projektstandes prognostizierten Reichweite und dem Reichweitentarget im Projekt, kann diese Ziellücke auf zwei Arten geschlossen werden:

1. Reduktion des elektrischen Energieverbrauchs durch fahrzeugtechnische Maßnahmen oder Eigenschaftsrestriktionen (Einschränkung der Höchstgeschwindigkeit etc.)

2. Erhöhung des (nutzbaren) Batterieenergieinhalts im Fahrzeug bei näherungsweise gleichem Verbrauch[13]

Zur Illustration sind in Abbildung 1.5 beide Möglichkeiten der Reichweitenerhöhung auf ein Target von 160 km für ein virtuelles Referenzfahrzeug mit einem momentanen Verbrauch von 140 Wh/km sowie einem nutzbaren Batterieenergieinhalt von 20 kWh dargestellt.

Unter der Annahme eines nutzbaren SoC-Fensters von 90 % sollte aus rein betriebswirtschaftlicher Sicht eine Umsetzung der fahrzeugtechnischen Maßnahmen erfolgen, sofern deren Kosten die Kosten einer Erhöhung des nutzbaren Batterieenergieinhaltes – in diesem Fall $2,4\,kWh \cdot 0,9^{-1} \cdot 500\,\frac{€}{kWh} \approx 1300\,€$ – unterschreiten. Aus Gesamtfahrzeugsicht sind zudem auch Package- und Gewichtsaspekte sowie zulässige Spannungslagen etc. zu beachten.

Die Geraden konstanten Verbrauchs sind Ursprungsgeraden unterschiedlicher Steigung. Je nach Verbrauch und nutzbarem Batterieenergieinhalt ist bei konstantem Delta-Batterieenergieinhalt die äquivalente Verbrauchsreduktion unterschiedlich groß, so dass eine aus energetischer Sicht abgesicherte Bewertung immer auf Basis des aktuellen Projektstandes vorgenommen werden sollte.

---

[13]Durch zusätzliche Batteriezellen kommt es aufgrund des Mehrgewichtes des Fahrzeugs zu einem Mehrverbrauch.

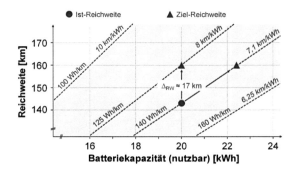

Abbildung 1.5 Möglichkeiten zur Erhöhung der Reichweite: Verbrauchsreduktion (↑) gegenüber Erhöhung Batterieenergieinhalt Traktionsbatterie (↗)

1.2.4 Insassenkomfort

Auch wenn der Insassenkomfort bei rein elektrisch angetriebenen Fahrzeugen (noch) nicht im Fokus der öffentlichen Wahrnehmung steht, so bietet er doch eines der wesentlichen Handlungsfelder bei der Entwicklung dieser Fahrzeuge.

Generelles Ziel aus Herstellersicht ist es, ein vom Kunden gewünschtes Komfortniveau[14] im Fahrgastraum mit maximaler Dynamik zu erreichen. Aus systemischer Sicht bieten rein elektrisch angetriebene Fahrzeuge hierfür gute Voraussetzungen, da die heute am Markt eingesetzten Systeme elektrisch betrieben und demnach mit hoher Dynamik regelbar sind. So ließe sich beispielsweise im Winterfall bei Fahrtantritt mit einem nicht vorkonditionierten Fahrzeug gegenüber einem konventionell angetriebenen Fahrzeug eine höhere Dynamik im Aufheizvorgang darstellen, da keine reduzierte Heizleistung während der Warmlaufphase des Verbrennungsmotors auftritt.

Auf der anderen Seite steht aufgrund der erheblich effizienteren Energiewandlungsvorgänge im elektrischen Antriebsstrang deutlich weniger Abwärme zur Verfügung. Zusätzlich liegt diese Abwärme – verglichen mit verbrennungsmotorisch angetriebenen Fahrzeugen – auf einem niedrigeren Temperaturniveau vor, so dass eine direkte Nutzung für die Beheizung des Fahrgastraums, ohne z.B. den Einsatz von Wärmepumpensystemen, nicht möglich ist.

Es ist somit sowohl für Sommer- wie auch Winterlastfälle erforderlich, während der Fahrt für die Bereitstellung von Wärme bzw. Kälte zur Konditionierung des Fahrgastraums elektrische Energie aus der Traktionsbatterie einzusetzen (sofern keine Wärmespeicher, Zusatzheizer, o.ä. eingesetzt werden). Das Einstellen des thermischen Komforts im Fahrgastraum steht damit im Konflikt mit dem Ziel, hohe Reichweiten mit einem rein elektrisch angetriebenen Fahrzeug darstellen zu können.

---

[14]Einstellbar über Lufttemperatur, Luftmenge und Luftverteilposition

Nur durch ein ganzheitliches Management der thermischen Energieflüsse im Fahrzeug kann eine Optimierung der vom Kunden nutzbaren Reichweite bei Wahrung oder Optimierung des Komfortniveaus im Fahrgastraum erfolgen.

1.3 Zielsetzung der Arbeit

Wie im Vorhergehenden dargestellt, kommt durch die begrenzte Speicherkapazität elektrochemischer Energiespeicher in rein elektrisch angetriebenen Fahrzeugen der effizienten Nutzung der elektrischen Energie im Fahrzeug eine große Bedeutung zu. Durch eine – verglichen mit konventionellen verbrennungsmotorischen Antrieben – deutlich effizientere Energiewandlung im elektrischen Antriebsstrang sind Abwärmemengen geringer und liegen auf einem niedrigeren Temperaturniveau vor. Die Darstellung eines hinsichtlich Dynamik und Niveau optimalen Insassenkomforts steht daher in direktem Zielkonflikt zur Darstellung einer maximalen Reichweite. Darüber hinaus steigt die Komplexität im Bereich des Thermomanagements des Fahrzeugs. Gründe hierfür sind eine größere Anzahl von Komponenten mit einem Heizbzw. Kühlbedarf sowie die durch den Einsatz elektrischer Pumpen und Ventile zusätzlichen Freiheitsgrade bei der Steuerung bzw. Regelung der Fluidkreisläufe im Fahrzeug.

Nur durch ein ganzheitliches Thermomanagementkonzept, das sich durch eine transiente und situationsoptimale Verknüpfung der thermischen Quellen, Senken und Speicher auszeichnet, kann ein aus Kundensicht optimales Fahrzeugkonzept realisiert werden. Hierzu ist in einem ersten Schritt eine genaue Kenntnis der transienten mechanischen, elektrischen und thermischen Energieströme und Energiespeicher im Fahrzeug unter allen kunden- und auslegungsrelevanten Lastszenarien notwendig. In einem zweiten Schritt müssen die wesentlichen Stellgrößen auf Energieverbrauch und -verteilung, sowohl in Form von Steuerungs- bzw. Regelungsalgorithmen als auch in Form von realen Bauteilen wie elektrischen Pumpen und Ventilen, identifiziert und zum Beispiel im Rahmen einer Sensitivitätsanalyse bezüglich ihres Einflusses auf den Gesamtenergieverbrauch klassifiziert werden.

Durch den insbesondere auf elektrischer und thermischer Ebene hohen Integrationsgrad der verschiedenen Subsysteme kann eine Systemoptimierung nur auf Gesamtfahrzeugebene durchgeführt werden. Mit realen Prototypenfahrzeugen ist dies nur eingeschränkt möglich, da zum einen, bedingt durch die hohe Innovationsgeschwindigkeit, Baugruppen und -systeme nur eingeschränkt verfügbar und in der Regel nur mit hohen Kosten beziehbar sind. Zum anderen erfordert die Notwendigkeit einer Betrachtung über eine hohe Varianz an Last- und Umgebungsbedingungen zeit- und kostenintensive Versuchsprogramme. Unter anderem beispielhaft hierfür sind die notwendigen umfangreichen Ressourcen zur Abbildung verschiedener Umgebungsbedingungen mit entsprechend klimatisierten Prüfständen und Konditionierungseinrichtungen.

Durch eine virtuelle Abbildung des Fahrzeugverhaltens im Rahmen einer Gesamtfahrzeugsimulation können diese Nachteile reduziert werden. Der Einsatz von Softwaretools innerhalb einzelner (Fach-)Bereiche in der Entwicklung ist weit verbreitet, um fachgebietsinterne Fragestellungen zu bearbeiten. Um eine optimale Prognosegüte sowie eine Integration bereits vorhandenen Know-hows zu erreichen, sollen bei der Realisierung bereits bestehende und bewährte Simulationsmodelle hinsichtlich ihrer Eignung für eine Gesamtfahrzeugsimulation geprüft und gegebenenfalls eingebunden werden. Fehlende Modelle sind unter der Prämisse einer durchgängigen Ergebnisgüte zu entwickeln, abzusichern und in das Gesamtsystem zu integrieren. Um eine Übertragbarkeit der Erkenntnisse in andere Fahrzeugprojekte zu ermöglichen, ist ein modularer Aufbau der Gesamtfahrzeugsimulation zu realisieren, der den Austausch einzelner Komponenten und Systeme ermöglicht.

Darüber hinaus soll im Rahmen dieser Arbeit eine Bewertungsmethodik entwickelt werden, die zum einen die einzelnen, konkurrierenden Zieldimensionen eines energieeffizienzoptimalen Gesamtkonzeptes darstellt, zum anderen eine ganzheitliche Systembewertung auf Basis gewichteter Zieldimensionen ermöglicht. Hierbei soll neben Fahrszenarien unter definierten Rand- bzw. Umgebungsbedingungen auch der Einfluss einer gezielten Fahrtvorbereitung durch Vorkonditionierung des Fahrzeugs untersucht werden.

Der Funktionsnachweis der entwickelten Gesamtfahrzeugsimulation sowie der Bewertungsmethode soll schließlich durch Einsatz bei der Bewertung eines innovativen Systems zur Konditionierung des Fahrgastraumes gegenüber einem bestehenden Basissystem erbracht werden.

2 Qualitative Systemanalyse

Im folgenden Unterkapitel soll ein kurzer Überblick über die relevanten physikalischen und technischen Grundlagen zur Darstellung einer Gesamtfahrzeugsimulation, die neben den elektrischen und mechanischen Zusammenhängen auch die thermischen Wechselwirkungen im Gesamtfahrzeug einschließt, gegeben werden. Beginnend mit den Grundlagen der Wärmeübertragung werden nachfolgend die relevanten Energiewandlungsvorgänge (thermische Quellen), die Systeme zur thermischen Konditionierung (Verteilung von Wärme im Gesamtsystem) sowie die wesentlichen thermischen Speicher und Senken in rein elektrisch angetriebenen Fahrzeugen dargestellt.

2.1 Grundlagen der Wärmeübertragung in Fahrzeugen

Im Bereich der technischen Thermodynamik ist „Wärmeübertragung [...] eine Übertragung von Energie über eine Systemgrenze, die aufgrund von Temperaturunterschieden zustande kommt und eine Entropieänderung im System zu Folge hat" [37]. Die Entropieänderung (und damit der zweite Hauptsatz der Thermodynamik) gibt dabei an, in welcher Richtung die Übertragung der Energie erfolgt, wenn die Systeme sich selbst überlassen bleiben [96]. Für die Wärmeübertragung bedeutet dies, dass Energie stets vom System höherer Temperatur an das System niederer Temperatur übertragen wird.

In den folgenden Abschnitten werden synonym zu Wärme/Wärmeübertragung die Begriffe Kälte/Kälteübertragung verwendet. Hierbei handelt es sich um keine thermodynamisch strenge Definition; es soll vielmehr die intendierte Wirkgröße im Fahrzeug bzw. im jeweiligen System klar herausgearbeitet werden. So wird beispielsweise für das Abkühlen eines Systems A durch Wärmeübertragung an ein angrenzendes System B geringerer Temperatur auch von Kälteübertragung von System B an System A gesprochen.

Grundsätzlich lassen sich in Anlehnung an [37] vier verschiedene Arten der Wärmeübertragung unterscheiden:

- **Reine Wärmeleitung (Konduktion)**
  Energietransport zwischen benachbarten Molekülen in einem Festkörper oder ruhenden Fluid

- **Konvektiver Wärmeübergang**
  Energietransport durch die makroskopische Bewegung eines Fluides

- **Zweiphasen-Wärmeübergang**
  Wärmeübergang in Verbindung mit einem Phasenwechsel (in der Regel flüssig ↔ gasförmig)[1]

- **Wärmestrahlung**
  Austausch von Energie zwischen Körpern oder Fluiden unterschiedlicher Temperatur durch elektromagnetische Strahlung

Zusätzlich dargestellt wird der Wärmedurchgang als Kombination verschiedener materiegebundener Wärmeübertragungsvorgänge.

2.1.1 Reine Wärmeleitung (Konduktion)

Findet ein Energietransport in Form von Wärme – induziert durch eine treibende Temperaturdifferenz – in einem ruhenden Medium oder Festkörper statt, spricht man von Wärmeleitung oder Konduktion. Als Teilaspekt bei fast allen wärmetechnischen Problemstellungen kommt der Konduktion eine besondere Bedeutung zu. Bei allen Wärmeübertragungsmechanismen wird Energie vom System höherer Temperatur an das System niederer Temperatur übertragen (siehe Kapitel 2.1); über die Größe des Wärmestromes bei bekanntem Temperaturgefälle lässt sich jedoch auf dieser Basis keine Aussage treffen.

Zur Quantifizierung der transportierten Wärmeströme ist das Lösen der sogenannten Wärmeleitungsgleichung erforderlich. Hierzu soll in einem ersten Schritt die thermodynamische Energiebilanz (erster Hauptsatz der Thermodynamik) für ein geschlossenes System dargestellt werden, wobei im Fall reiner Wärmeleitung davon ausgegangen werden soll, dass an diesem System keine Arbeit verrichtet wird,

$$\frac{dU}{dt} = \dot{Q} + P \qquad \xrightarrow{\text{P = 0 \ (reine Wärmeleitung)}} \qquad \frac{dU}{dt} = \dot{Q} \qquad (2.1)$$

mit

U	Innere Energie
$\dot{Q}$	Wärmestrom
P	Leistung.

Da im Rahmen dieser Arbeit die Wärmeleitung in ruhenden Fluiden von untergeord-

---

[1]Der Phasenwechsel ist isoliert betrachtet ein reiner Wärmespeicherungs- und -freisetzungsvorgang. Als Zweiphasen-Wärmeübergang wird im Folgenden die Kombination aus dem Phasenwechsel eines Fluids in Verbindung mit den Wärmeübertragungsmechanismen (Konduktion und Konvektion) bezeichnet.

neter Relevanz ist, soll im Folgenden die Wärmeleitung in homogenen Festkörpern betrachtet werden. Hierfür können Temperatur- und Druckabhängigkeit der Dichte ρ vernachlässigt werden und nach [4] gilt

$$\frac{dU}{dt} = \rho \cdot \int_V \frac{du}{dt} dV \,. \tag{2.2}$$

Die spezifische innere Energie du für einen inkompressiblen Körper hängt dann nur von seiner Temperatur ab, so dass mit der spezifischen Wärmekapazität $c(\vartheta)$

$$du = c(\vartheta) \cdot d\vartheta \tag{2.3}$$

gilt

$$\frac{dU}{dt} = \rho \cdot \int_V c(\vartheta) \cdot \frac{d\vartheta}{dt} dV \,. \tag{2.4}$$

Wird als Kontrollvolumen ein infinitesimales Volumen dV betrachtet, so gilt für den in diesen Bereich eintretenden Wärmestrom $d\dot{Q}$ analog zu [37], siehe auch Abbildung 2.1.

$$d\dot{Q} = -\vec{\dot{q}} \cdot \vec{n} \cdot dA \,. \tag{2.5}$$

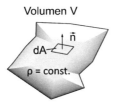

Abbildung 2.1 Volumenelement eines inkompressiblen Körpers mit nach außen gerichtetem Normalenvektor (nach [4])

An das Volumenelement entgegen der Normalenrichtung übertragene Wärmeströme sind damit positiv. Bei Integration der Wärmestromdichte $\dot{q}$ über die Oberfläche des gesamten Kontrollvolumens lässt sich das Oberflächenintegral mittels des Gauß'schen Integralsatzes in ein Volumenintegral überführen [4], siehe Gleichung 2.6,

$$\dot{Q} = -\int_A \vec{\dot{q}} \cdot \vec{n} \cdot dA = -\int_V div\vec{\dot{q}} \cdot dV \,. \tag{2.6}$$

Durch Einsetzen von Gleichung 2.4 und Gleichung 2.6 in Gleichung 2.1 erhält man für ein homogenes Volumenelement

$$\rho \cdot \int_V c(\vartheta) \cdot \frac{d\vartheta}{dt} dV = - \int_V div\vec{q} \cdot dV$$
$$\Leftrightarrow \quad \int_V \left(\rho \cdot c(\vartheta) \frac{d\vartheta}{dt} + div\vec{q} \right) dV = 0$$
$$\Leftrightarrow \quad \rho \cdot c(\vartheta) \cdot \frac{d\vartheta}{dt} + div\vec{q} = 0 \, . \qquad (2.7)$$

Die Verknüpfung von Wärmestromdichtevektor $\vec{q}$ und dem Gradient der Temperatur $grad\,\vartheta$ über einen Proportionalitätsfaktor, die Wärmeleitfähigkeit $\lambda(\vartheta)$, gelingt über die konstitutive Gleichung der Wärmeübertragung, dem sogenannten Fourier-Ansatz für die lokale Wärmestromdichte,

$$\vec{q} = -\lambda(\vartheta) \cdot grad\,\vartheta \, . \qquad (2.8)$$

Die Wärmeleitungsgleichung für ein inkompressibles Material mit den temperaturabhängigen Stoffwerten $c(\vartheta)$ und $\lambda(\vartheta)$ lässt sich schließlich durch Einsetzen von Gleichung 2.8 in Gleichung 2.7 ableiten,

$$\rho \cdot c(\vartheta) \cdot \frac{d\vartheta}{dt} - div(\lambda(\vartheta) \cdot grad\,\vartheta) = 0 \, . \qquad (2.9)$$

Ist λ nicht von der Temperatur abhängig, vereinfacht sich Gleichung 2.9 zu

$$\rho \cdot c(\vartheta) \cdot \frac{d\vartheta}{dt} - \lambda \cdot \nabla^2(\vartheta) = 0 \, . \qquad (2.10)$$

Für viele technisch relevante Anwendungen, wie auch die im Rahmen dieser Arbeit bearbeiteten Fragestellungen[2], reicht es aus, Wärmeleitungsvorgänge als stationär und eindimensional anzunehmen [50].

An dieser Stelle exemplarisch dargestellt wird der Wärmestromdichtevektor $\vec{q}$ durch eine homgen aufgebaute, ebene Wand der Dicke d und der absoluten treibenden Temperaturdifferenz $\Delta\vartheta$ im stationären Zustand; analog lassen sich die Zusammenhänge für gekrümmte Wände (zum Beispiel Rohre) oder kugelförmige Körper ableiten. Als Koordinatensystem werden in diesem Beispiel kartesische Koordinaten mit d in x-Richtung vorausgesetzt. Die Wärmeleitung erfolgt im stationären Zustand ausschließlich in x-Richtung, d.h. $\dot{q}_y = \dot{q}_z = 0$. In diesem Fall vereinfacht sich

---

[2] Durch den Einsatz gekoppelter Simulationsmodelle und diskreter Berechnungsmethoden erfolgt die Berechnung der Wärmeströme bei ausreichend kleiner Zeitschrittweite quasistationär, in einem nachfolgenden Zeitschritt erfolgt auf Basis dieser Wärmeströme die Berechnung der Temperaturänderungen der thermischen Massen.

Gleichung 2.8 zu

$$\dot{q}_x = -\lambda \cdot \frac{d\vartheta}{dx} = \lambda \cdot \frac{\Delta\vartheta}{d} \, . \tag{2.11}$$

Die treibende Temperaturdifferenz ist Folge des thermischen Widerstands der Wand. Der sogenannte Wärmeleitwiderstand $R_{\lambda, HW}$ ist nach [37] als Quotient von treibender Temperaturdifferenz und dem Wärmestrom durch die Wand $\dot{Q}$ definiert,

$$R_{\lambda, HW} = \frac{\Delta\vartheta}{\dot{Q}} = \frac{\Delta\vartheta}{\dot{q} \cdot A} \, . \tag{2.12}$$

Mit Einsetzen von Gleichung 2.11 ergibt sich

$$R_{\lambda, HW} = \frac{d}{\lambda \cdot A} \, . \tag{2.13}$$

Ist die Wand aus i unterschiedlichen Materialien mit unterschiedlichen Wärmeleitfähigkeiten λ_i aufgebaut, ergibt sich in Analogie zur Elektrotechnik eine Reihenschaltung (RS, siehe Gleichung 2.14a) oder Parallelschaltung (PS, siehe Gleichung 2.14b) von Wärmeleitwiderständen,

$$R_{\lambda, RS} = \sum_i R_{\lambda, i} \tag{2.14a}$$

$$R_{\lambda, PS} = \left(\sum_i \frac{1}{R_{\lambda, i}} \right)^{-1} \, . \tag{2.14b}$$

In Abbildung 2.2 ist die Wärmeleitung für eine homogene Wand sowie für mehrschichtige, ebene Wände dargestellt.

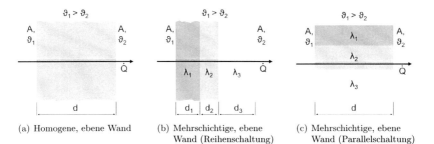

(a) Homogene, ebene Wand

(b) Mehrschichtige, ebene Wand (Reihenschaltung)

(c) Mehrschichtige, ebene Wand (Parallelschaltung)

Abbildung 2.2 Wärmeleitung durch ebene Wände

2.1.2 Konvektiver Wärmeübergang

Wärmeübertragungsvorgänge zwischen gasförmigen oder flüssigen Medien und Festkörpern werden als konvektive Wärmeübertragungen bezeichnet. Bei der konvektiven Wärmeübertragung kommt es zu einem Energietransport durch die makroskopische Bewegung eines Fluides, charakterisiert durch die Strömungsgeschwindigkeit außerhalb der Geschwindigkeitsgrenzschicht v_∞. Die Art und Intensität der Fluidströmung beeinflusst den Wärmeübergang hierbei erheblich; es kann aber auch durch die Wärmeübertragung zu einer Beeinflussung der Strömung kommen.

Grundsätzlich ist zwischen

- freier ($v_\infty = 0$) und erzwungener ($v_\infty \neq 0$) Konvektion[3] sowie
- Konvektion in Kanälen (zum Beispiel in Wärmeübertragern) und Konvektion bei frei umströmten Körpern (zum Beispiel der Fahrzeughülle)

zu unterscheiden. Für die erzwungene Konvektion ist zudem der Zustand der Fluidströmung (laminar oder turbulent) entscheidend.

Der prinzipielle Verlauf von Strömungs- und Temperaturverteilung für einen konvektiven Wärmeübergang zwischen einer ebenen Wand und einem laminar strömenden Fluid ist in Abbildung 2.3 dargestellt.

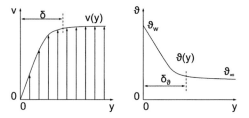

Abbildung 2.3 Qualitativer Verlauf von Strömungsgeschwindigkeit v (links) und Temperatur ϑ (rechts) in einem laminar strömenden Fluid in Wandnähe (nach [4])

Der Wärmeübergang stellt sich aufgrund eines Temperaturunterschiedes zwischen Wand- und Fluidtemperatur $\vartheta_w - \vartheta_\infty$ ein; für die Größe des Wärmeübergangs sind sowohl die Oberflächenbeschaffenheit der Wand sowie deren Material als auch die Stärke der Geschwindigkeits- (δ) und Temperatur-Grenzschicht (δ_ϑ) entscheidend. Generell hängt der an der Wand auftretende Wärmestrom in komplizierter Weise von den auftretenden Geschwindigkeits- und Temperaturfeldern im Fluid ab, deren Berechnung auf erhebliche Schwierigkeiten stößt. Die Basis einer solchen Berechnung bilden die den Wärmeübergang beschreibenden Erhaltungsgleichungen für Masse

---

[3]Freie Strömungen haben ihre Ursache ausschließlich in Dichteunterschieden innerhalb eines Fluids, während erzwungene Strömungen stets durch äußere Kräfte hervorgerufen werden [37].

(Kontinuitätsgleichung), Energie und Impuls (Cauchysche Bewegungsgleichung), siehe zum Beipiel in [4].

Vor diesem Hintergrund wurde ein örtlicher, empirischer Wärmeübergangskoeffizient

$$\alpha = \frac{\dot{Q}}{A \cdot (\vartheta_w - \vartheta_\infty)} \qquad (2.15)$$

zur Beschreibung des Wärmeübergangs definiert. Dieser kann in der Praxis in Abhängigkeit der vorliegenden Strömungssituation (siehe oben) mit Hilfe dimensionsloser Kennzahlen bestimmt werden.

In Anhang B.1 ist zur Verdeutlichung die Berechung exemplarisch für einen Rohrabschnitt eines typischen Fluidkreislaufes im Fahrzeug dargestellt.

2.1.3 Wärmeübergang in Verbindung mit Phasenwechseln

Phasenwechsel sind isoliert betrachtet reine Wärmespeicherungs- und -freisetzungsvorgänge, treten jedoch bei der Anwendung im Fahrzeug in Kombination mit den bereits beschriebenen Wärmeübertragungsmechanismen Konduktion und Konvektion auf. Durch Kombination der Wärmeübertragungsvorgänge mit dem Phasenwechsel eines Fluides (zum Beispiel Verdampfen oder Kondensieren), lässt sich ein vielfach höherer Wärmeübergang als bei rein konvektiven Wärmeübergängen realisieren [4]. Die Ursache hierfür liegt in der zu- oder abzuführenden Verdampfungsenthalpie des Fluids. Die Phasenumwandlung erfordert, unter der Voraussetzung thermodynamischen Gleichgewichts, keine Temperaturänderung zwischen den Phasen.

Wesentlichen Einfluss auf den resultierenden Wärmeübergangskoeffizienten hat, wie auch bei konvektiven Wärmeübergängen, die Art der vorliegenden Strömung. Für waagerechte unbeheizte Rohre lassen sich nach [46] in Abhängigkeit von Oberflächenspannung und Strömungsgeschwindigkeit sieben verschiedene Strömungsformen unterscheiden, für die jeweils unterschiedliche Ansätze bei der Berechnung des Wärmeübergangskoeffizienten gelten.

Im Fahrzeug finden Zweiphasen-Wärmeübergänge in Kältemittelkreisläufen, in Kondensator und Verdampfer, statt. Im Folgenden soll exemplarisch der Wärmeübergang im Verdampfer näher betrachtet werden. Im Rahmen dieser Arbeit wurde der Wärmeübergang mit Hilfe einer empirischen geometriebasierten Korrelation von Chang und Wang für Lamellengitter-Wärmeübertrager dargestellt [15]. Hierbei wird unter Verwendung der Chilton-Colburn-Analogie[4] in Abhängigkeit bauteilspezifischer geometrischen Größen des Wärmeübertragers der so genannte Colburn-Faktor j berechnet, siehe Anhang B.2. Chang und Wang konnten zeigen, dass bei 91 untersuchten Wärmeübertragern unterschiedlicher Geometrie der Colburn-Faktor und damit der Wärmeübergang für 90 % der Wärmeübertrager mit einer Abweichung

---

[4]Die Chilton-Colburn-Analogie beschreibt die Analogie zwischen Massen-, Wärme- und Impulstransport.

kleiner gleich 15 % prognostiziert werden kann.

Mit Hilfe dimensionsloser Kennzahlen (Reynolds- und Prandtl-Zahlen, siehe Anhang B.1), der thermischen Leitfähigkeit des Fluids λ_f sowie dem Abstand der Ausstellungen ι_{LP}, siehe auch Abbildung 2.4, ist der Wärmeübergangskoeffizient für Reynoldszahlen im Bereich $100 < Re_{LP} < 3000$ durch folgenden Zusammenhang gegeben:

$$\alpha = \frac{j \cdot \lambda_f \cdot Re_{LP} \cdot Pr^{\frac{1}{3}}}{\iota_{LP}} \tag{2.16}$$

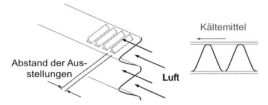

Abbildung 2.4 Geometrie am Wärmeübertrager zur Berechnung des Colburn-Faktors (Geometriegrößen nach [15]). Links: Lamellenpaket mit Ausstellungen. Rechts: Lamellen mit oben-/untenliegenden, kältemittelführenden Flachrohren.

Die detaillierte Berechnung ist in Anhang B.2 dargestellt.

2.1.4 Wärmedurchgang

In technisch relevanten Anwendungen treten die verschiedenen Arten der Wärmeübertragung selten alleine, sondern meistens in Kombination auf. Wird zum Beispiel Wärme von einem Fluid A über eine Wandung an ein Fluid B übertragen, findet in der Wand Wärmeleitung sowie an den beiden Seiten der Wand mit den jeweiligen Fluiden ein konvektiver Wärmeübergang statt [46]. Diese Summe von Wärmeleitungs- und Wärmeübergangsvorgängen wird als Wärmedurchgang bezeichnet. In Abbildung 2.5 ist der Wärmedurchgang durch eine ebene Wand beispielhaft dargestellt.

Der übertragene Wärmestrom $\dot{Q}$ stellt sich hierbei in Abhängigkeit der Wandfläche A, den Fluidtemperaturen $\vartheta_{\infty,1}$ und $\vartheta_{\infty,2}$ sowie dem mittleren Wärmedurchgangskoeffizienten (auch: mittlere Wärmedurchgangszahl) k ein,

$$\dot{Q} = k \cdot A(\vartheta_{\infty,1} - \vartheta_{\infty,1}) \, . \tag{2.17}$$

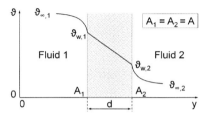

Abbildung 2.5 Qualitativer Verlauf der Temperatur ϑ beim Wärmedurchgang durch eine ebene Wand (Fläche A, Dicke d)

Der mittlere Wärmedurchgangskoeffizient k lässt sich in diesem Fall zu

$$k = \frac{1}{A} \cdot \left(\frac{1}{\alpha_1 \cdot A} + R_\lambda + \frac{1}{\alpha_2 \cdot A} \right)^{-1} \tag{2.18}$$

berechnen. Die Berechnung für andere Geometrien erfolgt auf analoge Weise, siehe zum Beispiel in [90].

2.1.5 Wärmestrahlung

Wärmestrahlung, oder auch thermische Strahlung, wird ständig von allen Körpern in Form von elektromagnetischer Strahlung ausgesendet. Im Gegensatz zu konduktiven und konvektiven Wärmeübergängen ist Wärmestrahlung nicht an Materie gebunden.

Die Intensität der Wärmestrahlung hängt sowohl von der Temperatur als auch von der Beschaffenheit der Körperoberfläche ab [46]. Dabei sind nicht die absoluten Temperaturdifferenzen zwischen den Körpern $\Delta\vartheta$ entscheidend für den durch Strahlung übertragenen Wärmestrom, sondern die Unterschiede der vierten Potenz der absoluten Temperatur Θ [4].

Durch das Stefan-Boltzmann-Gesetz ist die theoretische Obergrenze der emittierten Wärmestromdichte $\dot{q}_{rad,\,ideal}$ für einen schwarzen Körper gegeben, siehe Gleichung 2.19a; für reale Körper wird die emittierte Wärmestromdichte um den Emissionsgrad ϵ, wobei gilt $0 \leq \epsilon < 1$, gemindert, siehe Gleichung 2.19b.

$$\dot{q}_{rad,\,ideal} = \sigma \cdot \Theta^4 \tag{2.19a}$$

$$\dot{q}_{rad,\,real} = \epsilon \cdot \sigma \cdot \Theta^4 \tag{2.19b}$$

mit der Stefan-Boltzmann-Konstanten

$$\sigma = 5,67 \cdot 10^{-8} \left[\frac{W}{m^2 \cdot K^4} \right] \tag{2.19c}$$

ϵ ist hierbei stark vom jeweiligen Material sowie dessen Oberflächenbeschaffenheit abhängig; wobei sich Letztere wiederum deutlich mit der Temperatur verändern kann.

Trifft dagegen Wärmestrahlung auf einen Körper, wird ein Teil der Strahlung reflektiert (ρ_λ), ein Teil wird transmittiert (γ_λ) und der verbleibende Teil schließlich absorbiert (α_λ). Dabei gilt

$$\rho_\lambda + \gamma_\lambda + \alpha_\lambda = 1 \,. \tag{2.20}$$

Für opake, das heißt undurchsichtige Körper ist $\gamma_\lambda = 0$, für schwarze Körper ist darüber hinaus $\rho_\lambda = 0$. Ferner gilt nach dem Kirchhoffschen Gesetz, dass Emissionsgrad ϵ und Absorptionsgrad α_λ gleich sind [46].

Für zwei beliebig im Raum orientierte Flächen endlicher Größe – hier A_i und A_j, siehe Abbildung 2.6 – kann nur ein Teil der emittierten Strahlung die jeweils andere Fläche erreichen. Dieser Anteil, die so genannte Einstrahlzahl ϕ, ergibt sich zu

$$\phi_{ij} = \frac{1}{\pi \cdot A_i} \cdot \int_{A_i} \int_{A_j} \frac{cos(\beta_i) \cdot cos(\beta_j)}{l_s^2} dA_j dA_i \,. \tag{2.21}$$

Hierbei ist β_i der vom Normalenvektor $\vec{n}_i$ des differentiellen Flächenelementes dA_i und dem Strahlengang eingeschlossene Winkel (Definition β_j analog); der Abstand der differentiellen Flächenelemente zueinander ist l_s.

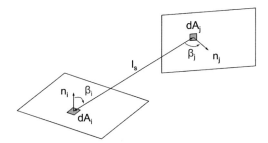

Abbildung 2.6 Geometriegrößen zur Berechnung von Einstrahlzahlen (nach [5])

Unter Berücksichtigung dieser Einstrahlzahl kann nach [4] die übertragene Wärmestrahlung zu

$$\dot{Q}_{\lambda,ij} = \frac{\sigma \cdot \left(\Theta_j^4 - \Theta_i^4\right)}{\frac{1-\epsilon_i}{\epsilon_i \cdot A_i} + \frac{1}{A_i \cdot \phi_{ij}} + \frac{1-\epsilon_j}{\epsilon_j \cdot A_j}} \tag{2.22}$$

berechnet werden. Wird die wechselseitige Reflexion vernachlässigt, vereinfacht sich Gleichung 2.22 nach [5] zu

$$\dot{Q}_{\lambda,ij} = \phi_{ij} \cdot \epsilon_i \cdot \epsilon_j \cdot A_i \cdot \sigma \cdot \left(\Theta_j^4 - \Theta_i^4\right) . \tag{2.23}$$

In dieser Arbeit findet Wärmestrahlung nur im Rahmen der Innenraummodellierung Anwendung, da innerhalb aller weiteren betrachteten thermodynamischen Systeme aufgrund geringer Einstrahlzahlen sowie kleiner Absoluttemperaturunterschiede lediglich vernachlässigbare Netto-Wärmeströme übertragen werden.

2.2 Energiewandler in rein elektrisch angetriebenen Fahrzeugen

Nach dem zweiten Hauptsatz der Thermodynamik sind alle natürlichen Prozesse bzw. Zustandsänderungen – und damit auch alle Energiewandlungsvorgänge in Fahrzeugen – irreversibel [3]. Bei diesen irreversiblen Zustandsänderungen kommt es infolge von Energiedissipationsvorgängen zu einer positiven Entropieproduktion im Inneren des Systems [96],

$$dS > 0 . \tag{2.24}$$

Eine mögliche Ausprägung einer irreversiblen Zustandsänderung ist zum Beispiel ein Prozess, bei dem Reibung auftritt.

2.2.1 Energiewandlung/Energiewandlungsketten

Im Folgenden sollten die in rein elektrisch angetriebenen Fahrzeugen auftretenden Arten der Energiewandlung dargestellt und erläutert werden. Die Energieflüsse im E-Fahrzeug können in ihrer Ausprägung in Abhängigkeit von der Antriebsstrangtopologie des Fahrzeugkonzeptes variieren. Grundsätzlich unterscheidet man bei rein elektrisch angetriebenen Fahrzeugen zwischen drei verschiedenen Antriebsstrangtopologien [11]. Am weitesten verbreitet sind die E-Fahrzeugkonzepte mit einer Zentralmaschine, siehe zum Beispiel in [77]. Darüber hinaus findet man Konzepte mit mindestens zwei radnahen Motoren (auch „Tandem-Konzepte" genannt) sowie Konzepte mit Radnabenantrieb. Bei Letzteren sind die elektrische Maschine und der

Umrichter sowie gegebenenfalls eine Übersetzungsstufe in die Räder integriert. Für konzeptionelle Vor- bzw. Nachteile der einzelnen Topologien wird auf die entsprechende Fachliteratur, zum Beispiel [30] und [21], verwiesen.

Im Rahmen dieser Arbeit wird ein Fahrzeug mit vorne liegender Zentralmaschine, einer Getriebe-Differential-Einheit und Vorderradantrieb betrachtet, siehe Abbildung 2.7.

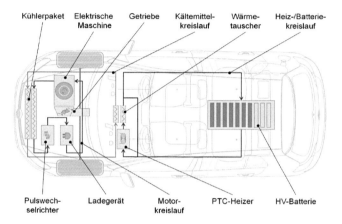

Abbildung 2.7 Topologie des betrachteten Referenzfahrzeugs

Die zu Grunde liegenden Mechanismen der Energiewandlung sind nicht topologiespezifisch und lassen sich direkt auf andere Antriebsstrangtopologien übertragen. Generell lässt sich zwischen fünf verschiedenen Arten der Energiewandlung in rein elektrisch angetriebenen Fahrzeugen unterscheiden:

- Wandlung elektrischer Energie in/aus chemisch gebundene(r) Energie (birektional)
- Wandlung elektrischer Energien (uni- und bidirektional)
- Wandlung elektrischer Energie in/aus mechanische(r) Energie (bidirektional)
- Wandlung elektrischer Energie in Wärme (unidirektional)
- Wandlung mechanischer Energien (bidirektional)

Für das betrachtete Referenzfahrzeug stellen sich Art und Richtung der wesentlichen Energieflüsse wie folgt dar, siehe Abbildung 2.8.

An dieser Stelle wird als ein wesentlicher Unterschied zum konventionellen Fahrzeug deutlich, dass bei diesem im Gegensatz zum E-Fahrzeug eine Energiewandlungskette von mechanischer Energie über elektrische Energie in chemisch gebundene Energie

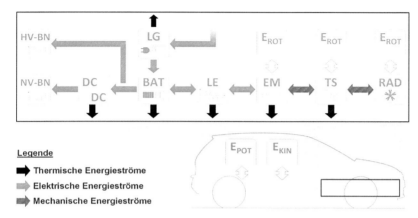

Abbildung 2.8 Energiewandlungsketten im rein elektrisch angetriebenen Fahrzeug

nur sehr eingeschänkt[5] darstellbar ist. Ein Wiederaufladen des Primärenergiespeichers (Kraftstofftank) während der Fahrt ist nicht möglich. Beim E-Fahrzeug wird durch den Betrieb der elektrischen Maschine als Generator und einem damit verbundenen Anheben der Spannung im Hochvolt-Bordnetz ein Laden der Traktionsbatterie während der Fahrt ermöglicht. Hierdurch können in Abhängigkeit vom Fahrzyklus deutliche Verbrauchsvorteile, zum Beispiel für den NEFZ (siehe Kapitel 3.3.2) von ca. 10 %, erzielt werden. Im Folgenden sollen die Verlustentstehungsprozesse für die verschiedenen Arten der Energiewandlung näher erläutert werden.

Bei der Wandlung elektrischer Energie in/aus chemisch gebundene(r) Energie beim Laden/Entladen einer Batterie entsteht Verlustwärme in Form von Reaktionswärme, Polarisationswärme und joule'scher Wärme. Während Polarisations- und joule'sche Wärme immer positiv sind, ist die Reaktionswärme beim Laden in Folge einer endothermen Reaktion negativ [76]. Für die Reaktionswärme gibt es einen linearen Zusammenhang mit dem aktuellen Entlade-/Ladestrom. Die joule'sche Wärme dagegen, die durch den elektrischen Widerstand von Zellmaterial und Stromableitern hervorgerufen wird, ist proportional zu Spannungsabfall bzw. -erhöhung ΔU und dem elektrischen Strom I bzw. zum Quadrat des elektischen Stroms I^2 und dem äquivalenten Innenwiderstand R_I. Ab einem definierten Ladestrom, der vom verwendeten Zelltyp abhängt, ist die joul'sche Wärme größer als die Reaktionswärme, so dass es beim Ladevorgang ebenfalls zu einer Erwärmung der Zelle kommt. Die

---

[5]Bei konventionellen Fahrzeugen wird zum Teil die kinetische, d.h. mechanische Energie des Fahrzeuges genutzt, um die Niedervolt-Batterie zu laden (sog. Bremsenergierückgewinnung). Hierzu wird die Generatorspannung in Schubphasen angehoben [39].

zeitliche Ableitung der joul'schen Wärme bzw. Verlustleistung ergibt sich zu

$$\frac{dQ_{Joule}}{dt} = P_{V,Joule} = |\Delta U \cdot I| = I^2 \cdot R_I\,. \tag{2.25}$$

Der Spannungsabfall bzw. die -erhöhung stellt hierbei die Differenz zwischen der momentanen Batteriespannung U und der Spannung der Batterie im Leerlauf U_{OCV} (bei $I = 0$) dar,

$$\Delta U = U - U_{OCV}\,. \tag{2.26}$$

Für die Höhe der Verlustleistung bei der Energiewandlung von elektrischer in/aus chemische(r) Energie ist neben dem Strom, dem Ladezustand und dem Alterungszustand vor allem die Temperatur der Batteriezelle von Bedeutung. Die Verlustleistung ist generell bei höheren Zelltemperaturen geringer und kann über den für die automobile Anwendung relevanten Temperaturbereich, in Abhängigkeit vom Zelltyp, bei tiefen Temperaturen um den Faktor 10 höher sein.

In Abbildung 2.9 ist das Ersatzschaltbild einer Batteriezelle zur Abbildung des dynamischen elektrischen Klemmenverhaltens dargestellt [59].

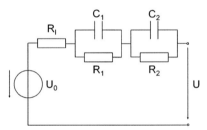

Abbildung 2.9 Ersatzschaltbild zur Abbildung des dynamischen elektrischen Klemmverhaltens [59]

Die Parameter der Widerstände R und Kapazitäten C können mittels Impedanzspektroskopie in Abhängigkeit von Zellstrom, Ladezustand, Zelltemperatur und Alterungszustand ermittelt werden.

Der Triebstrang umfasst im Folgenden die Komponenten Getriebe und Differential sowie die Antriebswellen mit ihren jeweiligen Lagerungen. Über den Triebstrang kommt es zu keiner Wandlung der Energieart, sondern zu einer bidirektionalen Wandlung der mechanischen Größen Drehzahl und Drehmoment [26]. Die in E-Fahrzeugen häufig eingesetzten Permanentmagnet-Synchronmotoren (PMSM) arbeiten im Vergleich zu den Größen der angetriebenen Achse bei erhöhten Drehzahlen und verminderten Momenten. Zwischen Raddrehzahl und der Drehzahl der elektrischen Maschine besteht über die Triebstrangübersetzung i ein proportionaler Zusammenhang; die Momentenwandlung ist dagegen verlustbehaftet.

Der Triebstrang des im Rahmen dieser Arbeit betrachteten Referenzfahrzeuges ist verhältnismäßig einfach aufgebaut und besteht aus einem einstufigen Getriebe, einem Differential und zwei Antriebswellen, siehe auch Abbildung 2.7. Die Übersetzung ist damit fest und es besteht zu jeder Zeit ein proportionaler Zusammenhang zwischen den Drehzahlen im Antriebsstrang und der Fahrgeschwindigkeit. Für den gesamten Antriebsstrang lassen sich in Anlehnung an [45] und [75] die folgenden drehzahlabhängige Verlustquellen identifizieren; für abweichende Triebstrangtopologien lassen sich weitere Verlustquellen am angegebenen Ort finden:

- Verzahnungsverluste durch Reibung (lastabhängig)

- Plansch- und Quetschverluste bei Tauchschmierung der Zahnräder (lastunabhängig)

- Lagerverluste der Wälzlager (lastabhängiger Reibungs- und lastunabhängiger Schmierungsanteil)

Neben Drehzahl und Drehmoment hat die Temperatur im Triebstrang und die damit verbundenen Viskositätsänderungen der Schmieröle entscheidenden Einfluss auf die Wandlungsverluste.

Durch die elektrische(n) Maschine(n) im E-Fahrzeug wird eine bidirektionale Wandlung von elektrischer in/aus mechanische(r) Energie vorgenommen. Bei den bei der Wandlung entstehenden Verlusten lässt sich nach [80] generell zwischen Leerlauf- und Lastverlusten sowie Erregerverlusten differenzieren.

Die Leerlaufverluste lassen sich in Reibungsverluste in Luftspalt und Lagern sowie Eisenverluste (in Rotor und Stator) unterteilen und sind proportional zur Drehzahl der Maschine (Reibungsverluste in Lagern, Hystereverluste) bzw. zur zweiten (Wirbelstromverluste) oder dritten (Reibungsverluste im Luftspalt) Potenz der Drehzahl [44]. Die Höhe der Lastverluste ist im Wesentlichen proportional zum Quadrat des fließenden Stroms und tritt zum Beispiel in Form von Kupfer- bzw. Stromwärmeverlusten im Stator in Nuten und Wickelköpfen auf. Eine detaillierte Berechnung der einzelnen Verlustarten findet sich zum Beispiel für eine Permanentmagneterregte Synchronmaschine in [44].

Elektrisch-elektrische Wandlungsvorgänge treten in rein elektrisch angetriebenen Fahrzeugen in Pulswechselrichtern, Ladegeräten und DCDC-Wandlern auf. Im Wesentlichen treten die Verluste in Form von Schalt- und Durchlassverlusten in Transistoren und Dioden auf. Die Schaltverlustenergien lassen sich in Ein- und Ausschaltverlustenergien unterteilen und sind proportional zur Schaltfrequenz. Der Ort der Verlustentstehung ist der Bereich der pn-Übergänge in den jeweiligen Halbleiterbauelementen [81].

Der Wirkungsgrad elektrisch-elektrischer Wandlungsvorgänge im Fahrzeug liegt in der Regel deutlich über 90 %; weiteres Optimierungspotential ist dennoch zum Beispiel durch den Einsatz neuer Materialien (z.B. Siliciumcarbid SiC [34]) oder optimierter Regelalgorithmen vorhanden.

2.2.2 Thermische Bilanzierung von Systemen

Nachdem die grundlegenden Mechanismen für die unterschiedlichen Arten der Energiewandlung im vorausgehenden Kapitel erläutert wurden, soll im Folgenden die Bilanzierung der angefallenen Verlustleistung in Form von Wärme näher erläutert werden. Der Bilanzraum wird hierbei so definiert, dass in das thermische System eintretende Wärmeströme positiv und das System verlassende Wärmeströme negativ in die Bilanz eingehen (systemegoistische Formulierung).

Für transiente Lastzustände ergibt sich eine Änderung der inneren Energie des Systems durch den Wärmestrom $\dot{Q}_{Komponente}$, der ein Aufheizen bzw. Abkühlen des betrachteten Systems zur Folge hat, als Summenstrom aus anfallender Verlustleistung P_V und den mit einem Fluidkreislauf und der Umgebung getauschten Wärmeströmen $\dot{Q}_{Fluidkreislauf}$ und $\dot{Q}_{Umgebung}$, siehe Gleichung 2.27. Mit Ausnahme der Verlustleistung, die stets positiv in die Bilanz eingeht, können die anderen Wärmeströme bidirektional auftreten.

$$\frac{dU_{System}}{dt} = \sum_i \dot{Q}_i = \dot{Q}_{Komponente} = P_V + \dot{Q}_{Fluidkreislauf} + \dot{Q}_{Umgebung} \qquad (2.27)$$

Mit der kalorischen Zustandsgleichung bei konstantem spezifischem Volumen

$$du = \underbrace{\left(\frac{\partial u}{\partial v}\right)_T dv}_{=\,0} + c_v(\vartheta)d\vartheta \qquad (2.28)$$

mit

u Spezifische innere Energie

c_v Spezifische isochore Wärmekapazität

und dem Zusammenhang zwischen absoluter (dU) und spezifischer innerer Energie (du)

$$dU = m \cdot du \qquad (2.29)$$

lässt sich der vom bzw. an das System übertragene Wärmestrom in Abhängigkeit von der Systemmasse m, der Wärmekapazität c[6] sowie der Änderung der Temperatur $\frac{d\vartheta}{dt}$ analog Gleichung 2.30 darstellen,

$$\dot{Q}_{Komponente} = m \cdot c(\vartheta) \cdot \frac{d\vartheta}{dt} \, . \qquad (2.30)$$

---

[6]Für Festkörper gilt mit guter Näherung $c \approx c_p \approx c_v$.

Im stationären Fall kommt es zu keiner Temperaturänderung des Systems; die Verlustleistung ist genau so groß wie die Summe der mit einem Fluidkreislauf und der Umgebung getauschten Wärmeströme,

$$\dot{Q}_{Komponente} \overset{!}{=} 0 = P_V + \dot{Q}_{Fluidkreislauf} + \dot{Q}_{Umgebung}. \tag{2.31}$$

In Abbildung 2.10 sind die Bilanzräume einschließlich der bilanzierten Wärmeströme für den transienten und stationären Fall dargestellt.

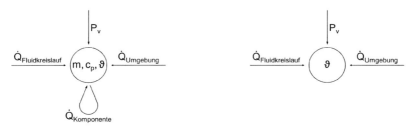

(a) Transiente Wärmebilanz (b) Stationäre Wärmebilanz

Abbildung 2.10 Thermische Bilanzierung auf Komponentenebene

Aus Gesamtfahrzeugsicht ist die transiente Quantifizierung der Wärmeströme ($\dot{Q}_{Komponente}$, $\dot{Q}_{Fluidkreislauf}$ und $\dot{Q}_{Umgebung}$) von großer Bedeutung.

Der mit der Umgebung getauschte Wärmestrom ist in der Regel negativ, das heißt Wärme wird aus dem System an die Umgebung abgeführt. Die so abgeführte Wärme dissipiert und kann nicht weiter genutzt werden. Die mit einem Fluidkreislauf getauschte Wärme dagegen verbleibt im Fahrzeug und kann durch Übertragung an andere Systeme einer Nutzung zugeführt werden. Beide Wärmeströme beeinflussen direkt den zur Erwärmung oder Abkühlung des Systems führenden Wärmestrom $\dot{Q}_{Komponente}$, der – in Verbindung mit der Masse des Systems sowie der mittleren spezifischen Wärmekapazität – direkt die Temperatur des Systems beeinflusst.

Durch Optimierung der Wärmeübergänge, siehe Kapitel 2.1, können die an die Umgebung und an den Fluidkreislauf übertragenen Wärmeströme deutlich verändert und damit das Erwärmungs- bzw. Abkühlverhalten des Systems beeinflusst werden. Ein gezieltes Ausnutzen der Mechanismen der Wärmeübertragung kann damit einen aktiven Beitrag zum Betrieb eines Systems unter Einhaltung der zulässigen Bauteiltemperaturen leisten.

2.3 Systeme zur thermischen Konditionierung in rein elektrisch angetriebenen Fahrzeugen

Mittels der Systeme zur thermischen Konditionierung können Wärme und Kälte im Fahrzeug verteilt und bei Bedarf aktiv bereitgestellt werden. Ziele der thermischen Konditionierung für die in die Kreisläufe eingebundenen Komponenten sind primär die Gewährleistung der Betriebssicherheit, unabhängig von Last- und Umgebungsbedingungen, sowie sekundär der Betrieb in wirkungsgradoptimierten Betriebsbereichen; beim Fahrgastraum steht die möglichst dynamische Darstellung eines von den Insassen gewünschten Niveaus der Innenraumtemperatur im Fokus.

2.3.1 Temperaturniveaus/-grenzen

Eine Zieldimension bei der Auslegung von Fahrzeugkonzepten ist die Temperaturfestigkeit aller Bauteile für sämtliche typischen, im Laufe eines Fahrzeuglebens auftretenden Umgebungsbedingungen. Hiervon sind sowohl Ausstattungsumfänge betroffen, die ihre Temperaturbeständigkeit in Freibewitterungsversuchen nachweisen müssen, als auch die Komponenten des Antriebsstranges. Letztere enthalten zum Teil thermisch hoch belastete elektronische Bauteile (bedingt durch hohe Leistungsdurchsätze bei gleichzeitig geringer thermischer Masse), bei denen eine aktive Kühlung der Komponenten durch gezielte Luft- oder Fluidkühlung notwendig wird.

Tiefe Temperaturen sind besonders für elektrochemische Energiespeicher im Fahrzeug von Bedeutung, da die Reaktionskinetik stark eingeschränkt und folglich keine nennenswerten Entlade- und insbesondere Ladeleistungen erzielt werden können [91]. Bei hohen Zelltemperaturen kommt es vermehrt zu einer thermisch induzierten irreversiblen Schädigung von Elektroden und Elektrolyt, die eine Abnahme von Kapazität und Peakleistung bei gleichzeitiger Erhöhung des Innenwiderstands der Batteriezellen zur Folge hat.

Abbildung 2.11 zeigt qualitativ die Temperaturgrenzen ausgewählter Komponenten im E-Fahrzeug (Traktionsbatterie[7] und Onboard-Ladegerät). Die Temperaturgrenzen können sich je nach Umsetzung der Applikation sowohl auf (lokale) Bauteiltemperaturen als auch auf die entsprechenden Vor- bzw. Rücklauftemperaturen eines Kühlmediums beziehen.

Wird, ausgehend von einem Temperaturbereich in dem der Betrieb einer Komponente uneingeschränkt möglich ist, eine bestimmte Grenztemperatur überschritten, schränkt eine übergeordnete Betriebsstrategie die Systemleistung sukzessive so ein, dass einer stärkeren thermischen Belastung entgegen gewirkt wird. Diese Einschränkung der Systemleistung wird als Derating bezeichnet. Durch die eingeschränkte Systemleistung wird der Energiedurchsatz durch die betroffene Komponente und damit auch die anfallende Verlustleistung verringert. Kommt es trotz Derating zu

---

[7]mit Lithium-Ionen-Zellen

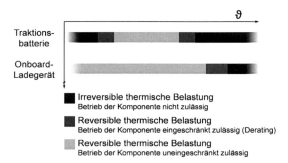

Abbildung 2.11 Temperaturgrenzen ausgewählter Komponenten im E-Fahrzeug (qualitative Darstellung)

einem weiteren Anstieg der Temperatur, kann es zu einem unzulässigen Beschleunigen des Alterungsvorgangs bis hin zu einer irreversiblen Schädigung der betroffenen Komponente kommen. Aus diesem Grund ist ein Betrieb des Fahrzeuges innerhalb dieser Temperaturbereiche nicht zulässig und wird durch die Betriebsstrategie des Fahrzeuges in der Regel unterbunden.

Da sich die zulässigen Bauteiltemperaturen in Abhängigkeit der Bauteilcharakeristika deutlich unterscheiden, ist die Auslegung einer bedarfsgerechten Fahrzeugkonditionierung eine Herausforderung. Während für Lithium-Ionen-Batterien die maximal zulässigen Zelltemperaturen im Bereich um 45 °C liegen [97], sind die zulässigen Bauteiltemperaturen von Pulswechselrichtern und Elektrischen Maschinen leicht bis deutlich darüber angesiedelt. Erfolgt darüber hinaus die Wärmebereitstellung zur Beheizung des Fahrgastraums über einen Fluidkreislauf, sind Fluidtemperaturen von bis zu 80 °C erforderlich, um die geforderten Heizleistungen bei akzeptablen Luftmassenströmen zu erreichen.

Darüber hinaus gilt es zu berücksichtigen, dass innerhalb der zulässigen Temperaturgrenzen der Wirkungsgrad einzelner Komponenten von ihrer mittleren Bauteiltemperatur bzw. der Temperatur einzelner Baugruppen einer Komponente abhängig ist. Werden diese Zusammenhänge bei der Realisierung eines Thermomanagementkonzeptes berücksichtigt, lassen sich Effizienzvorteile im Betrieb des Fahrzeugs erzielen.

2.3.2 Passive Systeme zum Kühlen

Aufgrund hoher Leistungsdichten und geringer thermischer Massen in Verbindung mit begrenzten maximalen Bauteiltemperaturen ist eine Kühlung von Pulswechselrichter, Elektrischer Maschine sowie Onboard-Ladegerät erforderlich. Zusätzlich ist im Klimatisierungsbetrieb eine Wärmeabgabe im Hochdruckteil des Kältemittelkreislaufes notwendig.

Ein entsprechendes treibendes Temperaturgefälle vorausgesetzt, kann mittels Luft-Fluid-Wärmeübertragern eine Wärmeabgabe aus den Fluidkreisläufen des Fahrzeugs an die Umgebung erfolgen. Aufgrund der aerodynamischen Um- und Durchströmungssituation sind diese Wärmeübertrager in der Regel im Frontbereich des Fahrzeugs, dem Bereich des Staudrucks, angeordnet. Auf diese Weise wird die Durchströmung der Wärmeübertrager mit Luft und damit gleichzeitig der abgeführte Wärmestrom bei konstanter durchströmter Fläche optimiert. Bei niedrigen Geschwindigkeiten oder im Stand des Fahrzeugs kann durch Kühlerlüfter eine erhöhte Durchströmung der Wärmeübertrager erreicht werden.

Klimakondensator, Hauptwasserkühler und Kühlerlüfter bilden das Kühlmodul. Die jeweilige Reihenfolge in der Anordnung von Klimakondensator und Hauptwasserkühler kann aufgrund der im Vergleich zu konventionellen Fahrzeugen niedrigen Eintritts-Temperatur-Differenzen (ETD, Differenz der Eintrittstemperaturen von Fluid und Umgebungsluft) variieren. In Abbildung 2.12 ist das Kühlmodul des Nissan Leaf mit Klimakondensator (in Fahrtrichtung vorne), Hauptwasserkühler (mitte) und Kühlerlüfter (hinten) dargestellt.

(a) Anordnung   (b) Vorderseite mit Kondensator   (c) Rückseite mit Lüfter

Abbildung 2.12 Kühlmodul Nissan Leaf

Ist auf Gesamtsystemebene eine Wärmeabfuhr erforderlich, sollte diese aus Energieeffizienzsicht möglichst vollständig durch eine passive Wärmeabgabe über das Kühlmodul erreicht werden, da so, abgesehen von der elektrischen Leistungsaufnahme der Pumpen zum Umwälzen der Fluidmenge sowie gegebenenfalls einer Leistungsaufnahme des Lüfters, keine weitere mitgeführte Energie eingesetzt werden muss. Im Gegenzug ist eine Wärmeabfuhr unterhalb eines bestimmten Temperaturniveaus, zum Beispiel durch Steuerung der Fluidströmung über einen Bypass (siehe auch Abschnitt 2.3.4), zu vermeiden.

2.3.3 Aktive Systeme zum Heizen und Kühlen

Über die aktiven Systeme zum Heizen und Kühlen kann direkt auf die Fluidtemperaturen zur Konditionierung von elektrischen Komponenten und Energiespeichern sowie auf die Lufttemperatur zur Konditionierung des Fahrgastraumes Einfluss genommen werden. Hierzu ist der Einsatz elektrischer Energie erforderlich.

Aktueller Stand der Technik für die Wärmebereitstellung in rein elektrisch angetriebenen Fahrzeugen ist der Einsatz von Hochvolt-PTC[8]-Heizungen. Im Fahrzeug
kommen hierbei in der Regel nichtlineare Keramik-Widerstände zum Einsatz. Ihre Widerstandskennlinie hat im Bereich auftretender Umgebungstemperaturen eine
negative Temperaturcharakteristik, das heißt der Widerstand nimmt zunächst mit
steigender Temperatur ab. Mit weiter steigender Temperatur wird der minimale Widerstand erreicht, bevor dieser bei ca. 80 °C Elementtemperatur schlagartig ansteigt,
bis das PTC-Element den Strom annähernd sperrt [36]. Hierdurch wird ein weiteres
Aufwärmen des PTC-Elements verhindert [31].

Durch eine PTC-Wasserheizung wird die gesamte elektrische Energie in Wärme
umgesetzt; der Wirkungsgrad der Wärmebereitstellung an den Fahrzeuginnenraum
liegt, bedingt durch den Verlustwärmestrom im Bereich der Fluidführungen (wasser-
und luftseitig), im Bereich 0,8 - 0,9.

In Abbildung 2.13 (links) ist die PTC-Wasserheizung des Nissan Leaf mit einer
Nennleistung von 5 kW dargestellt.

(a) PTC-Wasserheizung Nissan Leaf

(b) Elektrischer
Kältemittelkompressor Nissan Leaf

Abbildung 2.13 Systeme zum aktiven Heizen / Kühlen (Beispiel Nissan Leaf)

Für die Bereitstellung von Kälte werden bei rein elektrisch angetriebenen Fahrzeugen analog zu konventionellen Fahrzeugen Kaltdampf-Kompressionskälteanlagen, im
Folgenden Kältekreisläufe genannt, eingesetzt [31]. Im Gegensatz zur Wärmebereitstellung mittels PTC-Wasserheizung ist für die Kältebereitstellung nicht eine einzelne Komponente, sondern ein geschlossener linksläufiger Kreisprozess notwendig,
siehe Abbildung 2.14. Hierbei wird gasförmiges Kältemittel[9] durch einen Verdichter
komprimiert $(1 \rightarrow 2)$ und anschließend isobar im Kondensator abgekühlt und ver-
flüssigt $(2 \rightarrow 3)$. Die eigentliche Abkühlung des Kältemittels wird durch Drosselung
mittels eines Expansionsventiles (auch engl. TXV = Thermostatic Expansion Valve;

---

[8]Positive Temperature Coefficient
[9]Bisher R 134a (Tetrafluorethan). Die Richtlinie 2006/40/EG über Emissionen aus Klimaanlagen in
Kraftfahrzeugen verbietet den Einsatz dieses Stoffes in neuen Typen von Pkw und Pkw-ähnlichen
Nutzfahrzeugen ab dem 01.01.2011. Ab 01.01.2017 gilt das Verbot für die Klimaanlagen aller neuen
Fahrzeuge dieser Klassen. Als Nachfolge-Kältemittel für R 134a wird der Einsatz von 2,3,3,3-
Tetrafluorpropen (HFO-1234yf) diskutiert [41].

$3 \rightarrow 4$) erreicht. Die Abkühlung der Zuluft zum Fahrgastraum erfolgt schließlich unter Phasenwechsel des Kältemittels im Verdampfer ($4 \rightarrow 1$).

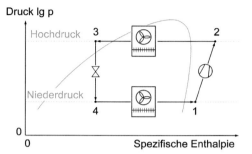

Abbildung 2.14 Kreisprozess einer Kaltdampf-Kompressionskälteanlage mit R 134a (Prinzipdarstellung)

Für den Einsatz im E-Fahrzeug muss in erster Linie der Antrieb des Verdichters eines konventionellen Kältekreislaufes modifiziert werden. Beim konventionellen Fahrzeug mechanisch durch den Nebentrieb des Verbrennungsmotors angetrieben, erfolgt im E-Fahrzeug der Antrieb des Verdichters mittels separatem Elektromotor. Durch die Entkopplung von der Motordrehzahl kann eine Lastregelung über ein verstellbares Hub- bzw. Kompressionsvolumen entfallen; stattdessen werden für E-Fahrzeuge häufig drehzahlgeregelte Scrollverdichter eingesetzt [22], siehe Abbildung 2.13 (rechts).

Die Effizienz von Kaltdampf-Kompressionsanlagen wird nicht mittels Wirkungsgrad, sondern durch einen COP (Coefficient of Performance) beschrieben. Dieser ist nach Gleichung 2.32 definiert als das Verhältnis von Kälteleistung $\Delta \dot{H}_{VD,Gesamt}$ (Enthalpiedifferenz über den Verdampfer) zur elektrischen Leistungsaufnahme des Verdichters P_{EKK}, siehe auch Abschnitt 3.3.4. Der COP kann Werte deutlich über 1 annehmen.

$$COP_{EKK} = \frac{\Delta \dot{H}_{VD,Gesamt}}{P_{EKK}} \qquad (2.32)$$

Ein alternatives und innovatives System zu den bereits dargestellten Ansätzen, mit dem sowohl Wärme als auch Kälte bereitgestellt werden kann, ist ein Wärmepumpenkreislauf. Der Aufbau dieses Systems ähnelt einer Kaltdampf-Kompressionskälteanlage, das heißt der thermodynamische Prozess ist vergleichbar. Im Heizbetrieb wird die Umgebung als Eingangswärmeniveau genutzt, durch Kompression die Fluidtemperatur erhöht und die durch die Druckerhöhung generierte Wärme an den Fahrgastraum abgegeben. Je nach Medientyp, an den die Nutzwärme bzw. -kälte übertragen wird, spricht man von Luft/Luft- oder auch Luft/Kühlmittel-Wärmepumpen [43].

Wesentlicher Vorteil ist ein im Heizbetrieb gegenüber einer PTC-Heizung deutlich erhöhter COP. Nach [43] kann beispielsweise mit einer Luft/Luft-Wärmepumpe mit R 134a bei 0 °C Umgebungstemperatur im stationären Betrieb eine Wärmeleistung von 2 kW zur Beheizung des Fahrgastraumes mit einem COP von 4,5 bereitgestellt werden. Es sind also nur ca. 450 W elektrische Leistung erforderlich. Für höhere Heizleistungen im Bereich von 3,7 kW kann noch ein COP von 3 (1,25 kW elektrischer Leistungsbedarf) erreicht werden. Derart hohe COPs lassen sich allerdings nur bei ausgewählter Umgebungstemperatur- und -feuchte darstellen. Dem hohen maximalen COP von Wärmepumpenlösungen stehen allerdings konzeptbedingte Nachteile, wie ein – in Abhängigkeit der Systemtopologie – durch die thermodynamischen Eigenschaften des Kältemittels eingeschränkter Einsatzbereich oder auch die Vereisungsneigung des Außenwärmeübertragers im Winterbetrieb, entgegen.

Der Toyota Prius Plug-in (SOP 2012) wurde als erstes in Serie produziertes Fahrzeug mit einer Wärmepumpe angekündigt [79], das Fahrzeug ist jedoch bis zu Fertigstellung dieser Arbeit nicht mit Wärmepumpensystem erhältlich. Für den Renault Zoe Z.E. ist ebenfalls ein Wärmepumpensystem angekündigt (SOP 2013) [29].

2.3.4 Kreislauftopologien

Die Interaktion der thermischen Quellen und Senken wird über die Fluidkreisläufe im Fahrzeug ermöglicht. Durch die Kreislauftopologie wird die Anordnung der Komponenten innerhalb der Fluidkreisläufe im Fahrzeug beschrieben.

Ob überhaupt und in welcher Form Antriebsstrangkomponenten und Energiespeicher in die Fluidkreisläufe des Fahrzeuges eingebunden werden, ist stark von der Art des Fahrzeugkonzeptes und der Positionierung im Wettbewerbsumfeld wie auch den konkret verbauten Komponenten abhängig. Je höher auf Gesamtfahrzeugebene die Anforderungen an ein Fahrzeugkonzept hinsichtlich maximaler (Dauer-)Leistung (inbesondere im intermittierenden Betrieb von Lade- und Fahrphasen) und je höher bzw. weniger eingeschränkt die Verfügbarkeit über das gesamte vor Kunde auftretende Spektrum von Umgebungsbedingungen ist, desto eher muss eine Konditionierung von Antriebsstrangkomponenten und Energiespeichern mittels Fluidkreisläufen vorgehalten werden. Auf Bauteilebene ist die Leistungsdichte der verbauten Komponenten von großer Bedeutung. Hohe Leistungsdichten bei entsprechend geringer (thermisch aktivierbarer) Masse haben hohe lokale thermische Belastungen zur Folge, die kritisch für die Dauerfestigkeit und Lebensdauer sein können. Lokale Temperaturmaxima wie auch die Amplitude der unter Belastung auftretenden Temperaturhübe können mittels Fluidkühlung gemindert werden.

Am Beispiel der Traktionsbatterie zeigt eine Analyse des aktuellen Wettbewerberumfeldes im A-Segment[10], dass auch innerhalb einer Fahrzeugklasse bei grundsätzlich gleicher Batterietechnologie unterschiedliche Konzeptansätze verfolgt werden, siehe Abbildung 2.15.

Wird eine Fluidkonditionierung als notwendig erachtet, kann diese als Ein- oder

---

[10]Wettbewerber Volkswagen e-Golf

(a) Nissan Leaf mit Luft-
    kühlung der Batterie [60]

(b) Ford Focus Electric mit
    Fluidkonditionierung der
    Batterie [25]

(c) Volvo C30 Electric mit
    Fluidkonditionierung der
    Batterie und
    Brennstoffzuheizer [94]

Abbildung 2.15 Ausführung der Batteriekonditionierung im A-Segment

Mehrkreissystem ausgeführt werden. Entscheidende Parameter aus technischer Sicht
für die Wahl des Konzeptes sind

- die maximal/minimal zulässigen Vorlauf- bzw. Bauteiltemperaturen der eingebundenen Komponenten,

- die Arten der thermischen Konditionierung (nur Kühl- oder zusätzliche Heiz-
  funktion erforderlich),

- die akzeptierten Temperaturhübe der einzelnen Komponenten,

- die Verbauorte der Komponenten im Fahrzeug sowie

- die thermischen Trägheiten im System.

Darüber hinaus sind Zieldimensionen wie Kosten, Komplexität, Package, Gewicht
etc. maßgebliche Kriterien bei der Definition der Kreislauftopologie.

Für die Reihenfolge der Durchströmung innerhalb der Kreisläufe sind die maximal
zulässigen Vorlauftemperaturen der einzelnen Komponenten entscheidend. Hinter
der jeweiligen Wärmesenke des Kreislaufs (wie zum Beispiel dem Hauptwasserkühler) werden die Komponenten eines Kreislaufs in der Regel mit aufsteigender maximaler Vorlauftemperatur thermisch in Reihe verschaltet.

In Abbildung 2.16 ist beispielhaft der Fluidkreislauf des Ford Focus Electric (Mo-
delljahr 2012) vereinfacht dargestellt. Es wird deutlich, dass bei diesem System die
Abwärme des E-Antriebs für das Beheizen der Traktionsbatterie während der Fahrt
genutzt werden. Gleichzeitig kann über eine zusätzliche Fluidpumpe während eines
Ladevorgangs die Abwärme des Ladegerätes zur Konditionierung der HV-Batterie
genutzt oder durch die Nutzung des Chillers die Batterie gekühlt werden. Die Verteilung der Volumenströme im Gesamtsystem erfolgt mittels drei Proportionalventilen;
diese sind ebenso wie der Teilkreislauf zum Beheizen des Fahrgastraums zugunsten
einer besseren Übersichtlichkeit nicht dargestellt.

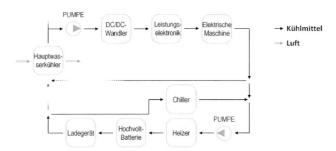

Abbildung 2.16 Fluidkonditionierung des Ford Focus Electric (vereinfacht)

2.3.5 Steuer- und Regelsysteme zur thermischen Konditionierung

Die Intensität und Lokalität der Wärme- und Kälteverteilung im Gesamtfahrzeug kann zum Teil durch die elektrischen Pumpen und Ventile im Fahrzeug beeinflusst werden. Erst durch lokalen Fluidaustausch in Form von Massen- bzw. Volumenströmen innerhalb der Kreisläufe kann eine Interaktion von thermischen Quellen und Senken erfolgen.

Mit dem Einsatz elektrisch betriebener Pumpen und Ventile kann die Ansteuerung ohne systeminhärente Restriktionen erreicht werden, so dass sich in der Abstimmung eines thermischen Systems, im Vergleich mit konventionellen Fahrzeugen[11], eine deutlich höhere Zahl an Freiheitsgraden ergibt. Sind über die thermischen Grenzen der einzelnen Komponenten die maximal bzw. minimal zulässigen Bauteil- oder Vorlauftemperaturen vorgegeben (siehe Abschnitt 2.3.1), kann innerhalb dieser Grenzen die Temperatur der Komponenten aktiv beeinflusst werden, um diese beispielsweise im Bereich maximaler Effizienz zu betreiben. Die hierbei erzielbaren energetischen Vorteile auf Komponentenebene sind gegenüber den zusätzlichen Energieaufwänden für den Betrieb der Pumpen und Ventile zu bilanzieren. So hat eine gängige elektrische Wasserpumpe, hier am Beispiel der CWA50 von Pierburg Pump Technology, unter Nennlast eine nominelle Leistungsaufnahme von ca. 70 W (ca. 5 A bei 13,5 V) [48].

Ziel einer energieeffizienzoptimalen Steuerung ist der Betrieb im globalen energetischen Minimum unter Wahrung der relevanten thermischen Grenzen aller in einem Kreislauf verorteten Komponenten.

---

[11]Hier wird die Hauptwasserpumpe häufig über den Nebentrieb des Motors betrieben und ist damit über eine konstante Übersetzung an die Motordrehzahl gekoppelt.

2.4 Thermische Speicher und Senken in rein elektrisch angetriebenen Fahrzeugen

2.4.1 Traktionsbatterie

Neben ihrer Funktion als elektrochemischer Energiespeicher im Fahrzeug ist die Traktionsbatterie auch ein thermischer Speicher. Um die Traktionsbatterie hinsichtlich dieser Funktion bewerten zu können, soll eine Potentialabschätzung auf Basis der folgenden Werte vorgenommen werden:

Tabelle 2.1 Thermische Speicherkapazität Traktionsbatterie (Beispielrechnung A-Segment)

Parameter	Formel-zeichen	Einheit	Wert
Batteriekapazität, brutto [60]	C_{HVBat}	kWh	24
Energiedichte [9]	$E_{spez, Zellen}$	$\frac{Wh}{kg}$	150
Massenanteil Zellgewicht [20]	f_{Zellen}	$\%$	60
Spezifische Wärmekapazität	$c_{p, HVBat}$	$\frac{kJ}{kg \cdot K}$	0,9

Bei einer Bruttokapazität der Traktionsbatterie von 24 kWh, einer repräsentativen Energiedichte für prismatische Lithium-Ionen-Zellen von 150 $\frac{Wh}{kg}$ und einem Faktor von 0,6 für Zell- zu Batteriegesamtgewicht (einschließlich Trog, Kühlung etc.) ergibt sich eine Gesamtmasse für das Batteriesystem m_{HVBat} von ca. 270 kg. Unter Verwendung einer mittleren spezifischen Wärmekapazität von 0,9 $\frac{kJ}{kg \cdot K}$ (Annahme) lässt sich die thermische Kapazität $C_{HVBat,th}$ zu

$$C_{HVBat,th,} = m_{HVBat} \cdot c_{p,HVBat} = 67 \frac{Wh}{K} \tag{2.33}$$

ableiten.

Um eine Temperaturänderung in Höhe von 30 K zu erreichen, sind 2 kWh thermischer Zu- bzw. Abwärme erforderlich. In der Praxis kann die nutzbare speicherbare Energie aufgrund deutlich begrenzter Temperaturhübe aus Lebensdaueranforderungen geringer ausfallen.

Neben der thermischen Kapazität ist das thermische Be- und Entladeverhalten für die Nutzung als thermischer Speicher entscheidend. Da die Temperaturspreizung zwischen den einzelnen Zellen der Traktionsbatterie, in Abhängigkeit von Zellchemie und Lebensdaueranforderungen, Restriktionen unterliegt, ist die thermische Be- bzw. Entladeleistung eingeschränkt. Diese Restriktionen sind bei der Auslegung einer Regelung für das thermische Gesamtsystem zu berücksichtigen.

2.4.2 Elektrische Maschine

Analog zur Traktionsbatterie lässt sich theoretisch auch die Elektrische Maschine als thermischer Speicher nutzen. Gegenüber der Batterie ist jedoch zum einen die Gesamtmasse deutlich geringer, zum anderen verhindert der Aufbau der Maschine eine Nutzung der gesamten thermischen Masse. In Abbildung 2.17 ist eine Elektrische Maschine inklusive Getriebe im Teilschnitt dargestellt. Der Luftspalt zwischen Stator und Rotor wirkt thermisch isolierend, so dass der Wärmeübergang, der über diesen Luftspalt sowie über die Rotorlagerung erfolgt, deutlich eingeschränkt ist. Die thermisch aktivierbare und damit zur thermischen Speicherung nutzbare Masse beschränkt sich somit im Wesentlichen auf den Stator.

Abbildung 2.17 Elektrische Maschine (Hersteller Bosch) [55]

Beim Nissan Leaf beispielsweise hat die Elektrische Maschine eine Gesamtmasse von $m_{EM,gesamt} = 58\,kg$ [60], hiervon entfallen ca. 15 kg auf den Rotor. Unter Annahme einer spezifischen Wärmekapazität von $c_{p,fak} = 0{,}75\frac{kJ}{kg\cdot K}$ (die genauen Masseanteile der eingesetzten Metalllegierungen, Kunststoffe etc. sind nicht bekannt) ergibt sich die nutzbare spezifische thermische Kapazität $C_{EM,th}$ zu

$$C_{EM,th} = (m_{EM,gesamt} - m_{EM,Rotor}) \cdot c_{p,fak} = 9\,\frac{Wh}{K}\,. \tag{2.34}$$

Damit liegt die nutzbare thermische Kapazität der Elektrischen Maschine ca. eine Größenordnung unterhalb derjenigen der Traktionsbatterie.

2.4.3 Fahrgastraum

Der Fahrgastraum ist im Sommer- und Winterbetrieb aus fahrzeugtechnischer Sicht ausschließlich eine energetische Senke. Die Änderung der inneren Energie des Fahrgastraumes ergibt sich aus der Differenz der Zu- und Abluftenthalpieströme sowie den über die Fahrzeughülle ausgetauschten Wärmeströmen durch Konvektion und Strahlung, siehe Abbildung 2.18 (Herleitung siehe Abschnitt 3.3.4). Der Fahrgastraum umfasst hierbei sowohl die Luft im Innenraum als auch das Interieur (Sitze, Armaturenbrett, Brüstungen etc.).

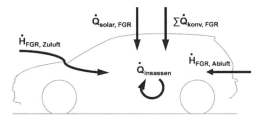

Abbildung 2.18 Wärme- bzw. Enthalpiestrom durch den Fahrgastraum (nach [31])

Für Sommer- bzw. Winterlastfälle gilt

$$\Delta \dot{H}_{FGR} = \dot{H}_{FGR,\,Zuluft} + \dot{H}_{FGR,\,Abluft}$$
$$+ \dot{Q}_{solar,FGR} + \sum \dot{Q}_{konv,FGR} + \dot{Q}_{Insassen} \begin{cases} < 0, & \text{Sommerlastfall} \\ > 0, & \text{Winterlastfall.} \end{cases}$$
$$(2.35)$$

Aus energetischer Sicht sind Winterlastfälle, aufgrund stärker eingeschränkter Umlufttraten sowie einer zumindest für konventionelle Systeme (PTC) geringen Effizienz der Wärmebereitstellung, gegenüber Sommerlastfällen als die kritischen Lastfälle zu betrachten. So wird im ECE[12] im stationären Zustand bei - 15 °C, einem Luftmassenstrom vom 5 kg/min und 100 % Frischluft eine Heizleistung von 4,5 kW benötigt [42]. Für das instationäre Aufheizen des Fahrgastraumes liegt dieser Wert noch darüber.

---

[12]Grund-Stadtfahrzyklus des NEFZ, siehe Abschnitt 3.3.2

3 Lösungsansatz und methodisches Vorgehen

3.1 Struktureller Lösungsansatz

Durch Integration von Energieeffizienz- oder komfortsteigernden Maßnahmen in das Gesamtkonzept eines rein elektrisch angetriebenen Fahrzeugs können die konkurrierenden Zieldimensionen Reichweite bzw. Energieeffizienz und Innenraumkomfort jeweils optimiert werden. Hierbei ist zu berücksichtigen, dass es über das hochintegrierte Thermomanagementsystem aktueller E-Fahrzeug-Konzepte zu Rückwirkungen auf die anderen Zieldimensionen kommt.

Die Wechselwirkungen im System sind komplex, so dass eine Potentialbewertung einzelner Maßnahmen nur ganzheitlich, das heißt unter Berücksichtigung aller Rückwirkungen im Gesamtsystem, erfolgen kann. In einer frühen Phase im Entwicklungsprozess, in der belastbare Musterteile für die verbaute Hardware in der Regel noch nicht verfügbar sind, lassen sich ganzheitliche Potentialbewertungen nur mittels einer Gesamtfahrzeugsimulation durchführen [6]. Die Basis der Modellierung bilden hierbei angepasste Modelle bereits bekannter und bezüglich ihres Verhaltens vergleichbarer Komponenten aus vorhergehenden Untersuchungen bzw. Projekten. Aufgrund des hohen Integrationsgrades moderner Thermomangementkonzepte sind dabei neben den elektrischen und mechanischen Energieflüssen auch die relevanten thermischen Zustände und Energieflüsse abzubilden. Inbesondere Letztere bilden die Grundlage für eine fundierte Potentialanalyse einzelner Maßnahmen sowohl unter kundenrelevanten Betriebsbedingungen als auch für den auslegungsrelevanten (thermischen) Grenzbetrieb.

Die Grundlage hierzu bildet auf der einen Seite eine geschlossene Energiebilanzierung, damit die Zusammenhänge im Gesamtfahrzeug erkannt und Optimierungsansätze abgeleitet werden können. Auf der anderen Seite sind für die einzelnen Zieldimensionen Gütekriterien erforderlich, die einen objektiven Variantenvergleich zulassen und ermöglichen, einzelne Zieldimensionen im direkten Vergleich zu bewerten.

Steigen im Laufe einer Fahrzeugentwicklung Datenverfügbarkeit und -qualität an, kann mittels gezielter Weiterentwicklung der Gesamtfahrzeugsimulation die Auslegung von Steuer- und Regelfunktionen unterstützt werden. Neben der Gewährleistung einer Konsistenz in der Potentialanalyse können hierdurch notwendige Prüfstandskapazitäten für Komponenten, Systeme und Gesamtfahrzeuge reduziert und in der Folge Zeit- und Kostenpotentiale erschlossen werden [32]. Neben der entwicklungsprozessbegleitenden Nutzung innerhalb eines Fahrzeugprojektes entsteht durch die gesteigerte Variantenvielfalt im Modellprogramm großer Automobilhersteller ein zusätzlicher Bedarf; bei hoher Modularität der Gesamtfahrzeugsimulation – in Analogie zu den realen Fahrzeugen – besteht die Möglichkeit, bei reduzierten Einmalaufwänden eine ganzheitliche Potentialbewertung in einer Vielzahl von Projekten wirkungsvoll zu unterstützen.

Schließlich ist das Potential einzelner Maßnahmen aus Messungen heraus kaum mit vertretbarem Aufwand nachweisbar [54]. Die Gründe hierfür sind zum einen die erreichbaren Messgenauigkeiten, zum anderen die eingeschränkte Zugänglichkeit einzelner hochintegrierter Baugruppen. Trotz relativ geringer Wirksamkeit kann eine Umsetzung dieser Maßnahmen einzeln oder in Kombination bei entsprechenden Kostenpotentialen oder geringen Mehraufwänden sinnvoll sein. Auch hier können mittels Gesamtfahrzeugsimulation optimale Maßnahmenpakete identifiziert und hinsichtlich der eingangs dargestellten Zieldimensionen bewertet werden, um so eine möglichst fundierte Grundlage für Projektentscheidungen bieten zu können.

Vor diesem Hintergrund stellt der Einsatz einer validierten Gesamtfahrzeugsimulationsplattform, unter Berücksichtigung elektrischer, mechanischer und thermischer Zusammenhänge im Gesamtfahrzeug, eine geeignete Methode zur ganzheitlichen Bewertung von Energieeffizienzmaßnahmen dar.

3.2 Methodischer Lösungsansatz

Im Folgenden sollen die in Bezug auf den Integrationsgrad unterschiedlichen Ansätze bei der Realisierung einer Gesamtfahrzeugsimulation aufgezeigt und hinsichtlich ihrer Anwendbarkeit im Rahmen eines Fahrzeugentwicklungsprozesses sowie vorgelagerter Untersuchungsumfänge in Forschung und Vorentwicklung bewertet werden. Ferner wird in einem zweiten Teil ein im Rahmen dieser Arbeit eingesetztes Optimierungsverfahren, das bei der Erstellung bzw. Abstimmung des Innenraummodells zum Einsatz kam, vorgestellt.

3.2.1 Gekoppelte Gesamtfahrzeugsimulation

Für die Darstellung einer Gesamtfahrzeugsimulation sind prinzipiell drei unterschiedliche Vorgehensweisen möglich, siehe Abbildung 3.1, [54]:

Als erste Möglichkeit kann das gesamte Fahrzeug in einer einzigen Softwareumgebung (Software A) abgebildet werden (auch monolithischer Ansatz genannt [68]). Aus Gesamtsystemsicht ist hierbei vorteilhaft, dass die softwareseitige Zusammenführung einzelner Teilmodule mit minimalem Integrationsaufwand erfolgen kann. Ferner sind die zu erwartenden Rechenzeiten der Gesamtfahrzeugsimulation im Vergleich zur gekoppelten Simulation generell niedriger anzunehmen, wobei die ver-

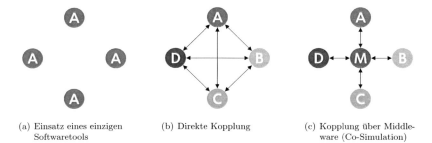

(a) Einsatz eines einzigen Softwaretools

(b) Direkte Kopplung

(c) Kopplung über Middleware (Co-Simulation)

Abbildung 3.1 Unterschiedliche Möglichkeiten der Darstellung einer Gesamtfahrzeugsimulation

wendete Simulationssoftware einen maßgeblichen Einfluss hat. Schließlich können sich darüber hinaus durch die Nutzung einer einzelnen Software Vorteile im Bereich der Lizensierungskosten ergeben. Demgegenüber ist der Aufwand zu bewerten, den eine Bereitstellung aller Teilmodule in einer Simulationsumgebung erfordert. Typischerweise sind die Anforderungen an die unterschiedlichen Bauteile, -gruppen und Funktionen, die in ihrer Gesamtheit das Fahrzeug repräsentieren, in hohem Maße unterschiedlich. Im Volkswagen-Konzern zeigt sich dies zum Beispiel in einer über alle Bereiche der Fahrzeugentwicklung diversifizierten Simulationstoollandschaft, die den komponentenspezifischen Fragestellungen der einzelnen Bereiche Rechnung trägt. Eine Vereinheitlichung dieser Toollandschaft ist vor dem Hintergrund der Anforderungen und der benötigten Aussagequalität innerhalb der einzelnen Bereiche nicht zielführend. Hinzu kommt, dass für die unterschiedlichen Werkzeuge in den einzelnen Bereichen zum Teil ein enormes Expertenwissen vorhanden ist, welches kaum in kurzer Zeit bei einem neuen Simulationswerkzeug aufgebaut werden könnte. Als Alternative zu einem Wechsel des Werkzeugs wäre auch denkbar, parallel zum bereits genutzten Werkzeug, ein weiteres Tool einzusetzen und dieses im Rahmen der Gesamtfahrzeugsimulation zum Einsatz zu bringen. Hierzu müssten unter signifikantem Kapazitätseinsatz neue Modelle aufgebaut, bedatet und gegen die Referenzsoftware validiert werden, wobei dieser Prozess nicht nur einmal, sondern kontinuierlich – bei jeder Änderung und Weiterentwicklung – zu durchlaufen wäre. Neben den inakzeptablen Aufwänden für ein solches Vorgehen bleibt die Frage offen, ob die Simulationsqualität und Prognosegüte des ursprünglich eingesetzten Werkzeuges überhaupt erreicht werden kann. Unter anderen Randbedingungen und Prämissen kann der Einsatz eines einzigen Simulationswerkzeuges jedoch sinnvoll sein. So ist im Rahmen des Projektes CAR@TUM, einer Forschungskooperation zwischen der BMW AG und der TU München, ein Gesamtfahrzeugsimulationsmodell auf Dymola/Modelica-Basis entstanden [35].

Sollen die etablierten Softwaretools weiter genutzt werden, muss zwangsläufig eine wie auch immer geartete Kopplung der einzelnen Teilmodelle zur Darstellung eines Gesamtfahrzeugmodells vorgenommen werden. Eine Möglichkeit ist die direkte Kopplung. Hierbei tauscht jedes Teilmodell mit mindestens einem und maximal allen anderen Modellen im Gesamtfahrzeugverbund Daten aus. Für diesen Datenaustausch muss in jedem der verwendeten Softwaretools eine Schnittstelle zu jedem anderen Modul, mit dem Daten ausgetauscht werden, vorgehalten werden. Dabei wird deutlich, dass diese Art der Kopplung für bi- oder auch trilaterale Kopplungen sinnvoll umsetzbar ist. Mit steigender Anzahl eingesetzter Softwaretools n steigt der Bedarf an unterschiedlichen Schnittstellen jedoch überproportional bis maximal $\frac{1}{2}(n \cdot (n-1))$ Schnittstellen an. Diese benötigten Schnittstellen müssen vorgehalten und gewartet (z.B. bei einem Versionsupdate eines verwendeten Softwaretools) werden. Vor dem Hintergrund einer Gesamtfahrzeugsimulation, welche aufgrund ihrer Komplexität eine multilaterale Kopplung erforderlich macht, ist ein solches Vorgehen nicht mit vertretbarem Aufwand realisierbar.

Eine Möglichkeit, etablierte Softwaretools weiter einsetzen zu können und gleichzeitig den Aufwand zum Generieren und Warten von Softwareschnittstellen zu minimieren, bietet die Co-Simulation. Hierbei wird für die Kopplung eine neutrale Middleware eingesetzt, die den Datenaustausch zwischen den einzelnen Teilmodellen steuert. Innerhalb der einzelnen eingesetzten Simulationsprogramme muss daher nur eine Schnittstelle (die Schnittstelle zur Middleware) implementiert und gewartet werden. Werden zusätzliche Softwaretools in die Gesamtfahrzeugsimulation eingebunden, so sind die bereits implementierten Schnittstellen hiervon nicht betroffen. Ein weiterer Vorteil, der sich aus dem einheitlichen Datenaustausch zwischen den Teilmodellen ergibt, ist die deutlich vereinfachte Auswertung der Simulationsergebnisse. Die Koppelvariablen können für unterschiedliche eingesetzte Tools, ungeachtet ihrer Spezifika, in einem einheitlichen Format transient verfolgt und gespeichert werden. Schließlich erlauben die gängigen kommerziellen Kopplungswerkzeuge für Co-Simulationen sogar, die Teilmodelle eines Gesamtsimulationverbundes auf unterschiedlichen Hardware-Instanzen zu rechnen, solange diese per Netzwerk verbunden sind, so dass auch für detaillierte und damit ressourcenintensive Teilmodelle sinnvolle Rechenzeiten dargestellt werden können.

Für die beiden Letztgenannten gilt zudem, dass es durch die Kopplung zu einer Isolation der einzelnen Lösungsverfahren kommt [78]. Infolgedessen steigt die Stabilität der Berechnung, bzw. wird überhaupt erst durch die Kopplung eine synchrone Berechnung von Simulationsmodellen, die in Programmen mit grundlegend verschiedenen numerischen Lösungsalgorithmen vorliegen, ermöglicht.

Aufgrund des günstigen Verhältnisses zwischen Integrationsaufwand und Ergebnisqualität wird im Volkswagen-Konzern die Co-Simulation als ein Baustein bei der virtuellen energetischen Bewertung von Energieeffizienzmaßnahmen im Gesamtfahrzeug eingesetzt. Im Rahmen dieser Arbeit wird die Co-Simulation erstmals als Methode bei der Darstellung einer Gesamtfahrzeugsimulation für E-Fahrzeuge eingesetzt.

3.2.2 Eingesetzte numerische Optimierungsverfahren

Mit Hilfe von Optimierungsverfahren lassen sich Zielfunktionen definierter Beschaffenheit systematisch und unter Berücksichtigung von Nebenbedingungen minimieren bzw. maximieren. Nach [57] lässt sich ein allgemeines Optimierungsproblem wie folgt beschreiben: Gesucht wird ein Parametersatz $\vec{p}_{min} = (p_1, ...p_n)$ (das Optimum) mit $p_i \in \mathbb{R}$, für den die Zielfunktion $f : \mathbb{R}^n \to \mathbb{R}$ minimal wird, wobei der Parametersatz die folgenden Nebenbedingungen erfüllen muss:

$$h_j(\vec{p}) = 0, j = 1, ..., n_h \qquad \text{Gleichheitsnebenbedingungen} \qquad (3.1a)$$

$$g_j(\vec{p}) \leq 0, j = 1, ..., n_g \qquad \text{Ungleichheitsnebenbedingungen} \qquad (3.1b)$$

$$\vec{q}_e \leq \vec{p} \leq \vec{q}_u \qquad \text{Parameterschranken} \qquad (3.1c)$$

Die Parameterschranken führen zu einer Einschränkung des Wertebereiches für $\vec{p}$, die Gleichheitsnebenbedingungen müssen immer durch $\vec{p}$ erfüllt sein und schränken den zulässigen Wertebereich für $\vec{p}$ ein. Die Ungleichheitsnebenbedingungen dagegen schränken die Größe, nicht aber die Dimension des Parameterraums für $\vec{p}$ ein.

Im Rahmen dieser Arbeit wurde zur Optimierung das Downhill-Simplex[1]-Verfahren nach Nelder und Mead eingesetzt [62]. Abbildung 3.2 zeigt, welche Eigenschaften dieses in Relation zu anderen Verfahren der nichtlinearen Optimierung aufweist:

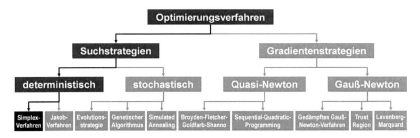

Abbildung 3.2 Übersicht Verfahren der nichtlinearen Optimierung (nach [57])

Als deterministische Suchstrategie ist das Downhill-Simplex-Verfahren einfach anzuwenden, robust (auch gegenüber numerischem Rauschen) und lässt sich auch bei kleinen Unstetigkeiten anwenden. Nachteilig können sich die geringe Konvergenzgeschwindigkeit in Verbindung mit einer mangelnden Parallelisierbarkeit der Auswertung auswirken; für die im Rahmen dieser Arbeit zu leistenden Optimierungsaufgaben bei gegebener Recheninfrastruktur kam dieser Aspekt jedoch nicht zum

---

[1]Ein Simplex (auch: Polyeder) ist eine (n+1)-elementige Punktmenge, wobei die von $p^{\vec{1}}$ ausgehenden Kanten $(p^{\vec{2}} - p^{\vec{1}}, ..., p^{\vec{n+1}} - p^{\vec{1}})$ linear unabhängig sind [65].

Tragen.

Ein Beispiel für den Ablauf der Optimierung für einen zweidimensionalen Parameterraum ist in Anhang A, Kapitel A.1 zu finden.

3.3 Bewertungsmethodik

Um die Leistungsfähigkeit verschiedener Systemtopologien im Rahmen einer Gesamtfahrzeugsimulation bewerten zu können, ist die Definition von repräsentativen Lastfällen essentiell wichtig. Hierbei ist den unterschiedlichen funktionalen Auslegungsschwerpunkten für den Grenzbetrieb (vgl. Kap. 3.3.1) und den kundenrelevanten Betrieb (vgl. Kap. 3.3.2) Rechnung zu tragen (siehe Abb. 3.3). Während für den Grenzbetrieb in erster Linie die funktionale Sicherheit des Fahrzeuges zu gewährleisten ist, stehen für die kundenrelevanten Betriebsbereiche Energieeffizienz, Komfort und abrufbare Fahrperformance im Vordergrund. Diese Schwerpunkte müssen bei der Definition von Lastfällen berücksichtigt werden.

Abbildung 3.3 Abgrenzung der Temperaturbereiche für Grenzbetriebs- und ganzheitliche Energieeffizienzbewertungen

Unter Lastfällen wird im Rahmen dieser Arbeit die Gesamtheit von Fahraufgabe, den vom Kunden abgeforderten Komfort- und Sicherheitsfunktionen sowie den klimatischen Randbedingungen verstanden. Die Fahraufgabe findet hierbei als Geschwindigkeits- und Steigungsprofil über Zeit bzw. Weg Eingang, dem ein Fahrregler unter Ausnutzung der momentan zur Verfügung stehenden Antriebsleistung mit minimaler Abweichung zu folgen versucht. Unter Berücksichtigung der fahrwiderstandsdefinierenden Fahrzeugparameter wie Gesamtgewicht $m_{Fahrzeug,gesamt}$, Rollwiderstandsbeiwert f_r, Querspantfläche A_{LW} und Luftwiderstandsbeiwert c_w stellt sich so eine Momenten- bzw. Leistungsanforderung am Rad ein, die durch das Antriebssystem bereitgestellt werden muss. Die Lastanforderungen für Triebstrang, elektrische Maschine und Leistungselektronik sind damit eindeutig definiert. Die Batteriebelastung setzt sich aus der Anforderung durch die Leistungselektronik zuzüglich der jeweiligen, verbraucherspezifischen Lasten durch das Hoch- und Niedervoltbordnetz zusammen. Letztere können durch angeforderte Komfort- und Sicherheitsfunktionen wie zum Beispiel eine Klimatisierung der Fahrzeugkabine auf eine Soll-Innenraumtemperatur oder eine eingeschaltete Heckscheibenheizung abgefordert werden. Die Höhe dieser zusätzlich abgeforderten Lasten ist in hohem Maße von den klimatischen Randbedingungen abhängig. Diese beinhalten die Außentemperatur ϑ_U, die zur Bestimmung des Energiebedarfes zur Klimatisierung der Fahrzeugkabine wichtige relative Luftfeuchte r_f sowie die Solarstrahlung $\dot{Q}_{Solar}$. Zur vollständigen Beschreibung der Randbedingungen ist es insbesondere für rein elektrisch angetriebene Fahrzeuge wichtig, den Konditionierungszustand bei Beginn einer Fahraufgabe zu beschreiben. Entscheidend hierbei sind neben dem Ladezustand der Traktionsbatterie SoC auch die Starttemperaturen von Antriebskomponenten und Fahrgastraum.

3.3.1 Definition repräsentativer Lastprofile für Grenzbetriebsbetrachtungen

Für die Grenzbetriebsbetrachtungen wird mit dem sogenannten Fahrprofil „Großglockner" eine Bergauf- mit anschließender Bergabfahrt simuliert. Zur Bewältigung dieser Fahraufgabe werden vom Antriebsstrang des Fahrzeuges dauerhaft hohe Lasten abgefordert. Die Lastanforderung resultiert hierbei weniger aus einer hohen Fahrgeschwindigkeit oder einer hohen Längsdynamik – die Fahrgeschwindigkeit beträgt über weite Strecken ca. 55 km/h –, sondern resultiert aus einer kontinuierlichen Steigung bzw. einem kontinuierlichen Gefälle im Bereich 8 - 12 % (siehe Abb. 3.4).

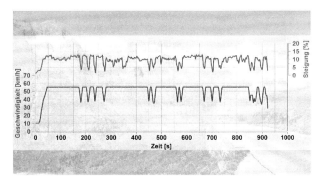

Abbildung 3.4 Geschwindigkeits- und Steigungsprofil Grossglockner (Bergauffahrt)

Zu berücksichtigen ist bei dieser Fahraufgabe, dass während der Bergabfahrt Energie durch generatorischen Betrieb der elektrischen Maschine teilweise rekuperiert werden kann.

Die Umgebungsbedingungen im Grenzbetrieb orientieren sich an der DIN 1946-3: Raumlufttechnik - Teil 3: Klimatisierung von Personenkraftwagen und Lastkraftwagen [18]. Hierbei werden als Richtwerte für die Auslegung von Fahrzeugen für Märkte in Mitteleuropa Temperaturen von - 20 °C bis 40 °C mit entsprechenden Luftfeuchten angenommen; die Sonneneinstrahlung kann nach dieser Norm im Sommerfall bis zu 1000 W/m² betragen. Verglichen mit den gemessenen minimalen bzw. maximalen Lufttemperaturen auf dem Gelände der Volkswagen AG in Wolfsburg 2010, - 16 °C bzw. 36,6 °C, ergibt sich eine hohe Überdeckung. Für den Winterfall werden die Umgebungsbedingungen entsprechend mit - 20 °C, 80 % relativer Luftfeuchte und 0 W/m² Solarstrahlung, für den Sommerfall mit 40 °C, 40 % Luftfeuchte und 1000 W/m² Solarstrahlung angenommen.

Der absolute Ladezustand der Traktionsbatterie wird sowohl für den Sommer- als auch den Winterfall mit 50 % angesetzt. Ein niedriger Ladezustand hat generell eine geringere Leerlaufspannung U_{OCV} sowie einen erhöhten Innenwiderstand der Batterie zu Folge, so dass gegenüber einer vollständig geladenen Batterie für eine gleiche abgeforderte Leistung ein höherer Strom entnommen werden muss. Der Strom geht wiederum quadratisch in die joule'sche Verlustleistung ein, siehe auch Gleichung 2.26. Nach [49] stellt diese den dominierenden Verlustanteil beim Betrieb der einzelnen Komponenten im Antriebsstrang dar. Für den Sommerfall stellen die höheren Verluste sowohl von E-Antriebs-Modul als auch der Traktionsbatterie den kritischen Lastfall dar, da die Komponenten höher thermisch belastet werden. Die Folgen dieser höheren thermischen Last können ein erhöhter Kühlleistungsbedarf, oder – falls keine ausreichende Kühlleistung zu Verfügung steht – eine eingeschränkte Leistungsbereitstellung (Derating) der Komponenten sein. Im Winterfall ist nicht die zusätzliche thermische Belastung der Komponenten, sondern sind die maximalen Lade- und Entladeströme der Traktionsbatterie zu berücksichtigen. Aufgrund einer generell verminderten Reaktionskinetik bei tiefen Temperaturen sind die Leistungsflüsse der Traktionsbatterie bidirektional eingeschränkt, um eine lokale Schädigung und damit eine beschleunigte Alterung der Batteriezellen zu verhindern. Ein niedriger Ladezustand stellt somit auch im Winterfall den kritischen Lastfall dar.

Neben dem Ladezustand der Traktionsbatterie ist die mittlere Temperatur der Batterie bei Fahrtantritt ein entscheidender Faktor. Für den Sommerfall ist insbesondere das Temperaturdelta zur maximal zulässigen Batterietemperatur bei beginnendem Derating von Bedeutung. In Verbindung mit der thermischen Kapazität des Batteriesystems lässt dieses Temperaturdelta in Abhängigkeit von Fahrprofil und Umgebungsbedingungen Rückschlüsse auf die minimale Betriebsdauer der Traktionsbatterie ohne Derating zu. Je höher die mittlere Temperatur der Batterie bei Fahrtantritt angesetzt wird, desto weniger thermische Energie kann im Batteriesystem gepuffert werden und desto größer ist die Wahrscheinlichkeit eines Deratings der Traktionsbatterie. Generell ist neben der Außentemperatur die vorhergehende Belastung der Traktionsbatterie entscheidend für die Starttemperatur, so dass Temperaturen bis hin zur maximal zulässigen Batterietemperatur sinnvoll ansetzbar sind. Im Winterfall ist die Leistungsbereitstellung der beschränkende Faktor; hier ist hin zu tieferen Temperaturen mit einem stetig sinkenden Leistungsvermögen zu rechnen.

Generell ist zu berücksichtigen, dass die Traktionsbatterie aufgrund ihres Verbauortes im unteren Bereich des Fahrzeuges und ihrer hohen thermischen Masse sich äußerst träge auf Temperaturänderungen reagiert. So konnte im Rahmen von Simulationsrechnungen über ein gesamtes Kalenderjahr gezeigt werden, dass für ein ausgewähltes kundenrelevantes Lastprofil mit moderater Batteriebelastung für das Umgebungstemperaturprofil von Wolfsburg die Batterietemperatur auch bei längeren Standphasen nicht unter - 10 °C absinkt, die maximale Batterietemperatur aber auch nicht über 40 °C hinausgeht. Im Rahmen dieser Arbeit wird daher eine mittlere Temperatur der Batterie bei Fahrtantritt $\vartheta_{HV\,Bat,mittel,Start}$ von - 10 °C im Winterfall und 40 °C im Sommerfall angesetzt.

Abschließend sind die vom Kunden abgeforderten Komfort- und Sicherheitsfunktionen im Grenzbetrieb zu definieren. Hauptverbraucher sind hierbei der elektrische Klimakompressor (im Sommerbetrieb) bzw. das Hochvolt-PTC (im Winterbetrieb). In beiden Fällen werden diese Verbraucher von der Klimaregelung im Fahrzeug auf eine Soll-Innenraumtemperatur von 22 °C geregelt. Weitere aktive Komfort- und Sicherheitsfunktionen sind in Tabelle 3.1 dargestellt.

Tabelle 3.1 Übersicht Lastfälle für Grenzbetriebsbewertungen

		Winterfall	**Sommerfall**
Fahrprofil		Großglockner	
Umgebungs- profil	Umgebungs- temperatur	- 20 °C	40 °C
	rel. Luftfeuchte	80 %	40 %
	Solarstrahlung	0 W/m²	1000 W/m²
Konditio- nierung	Batterietempera- tur bei Fahrtantritt	- 10 °C	40 °C
	Ladezustand bei Fahrtantritt	50 %	
Komfort, Sicherheit	Klimatisierung	Auto 22	
	Sitzheizung	Stufe 2	aus
	Heckscheiben- heizung	ein	aus
	Abblendlicht, RNS	ein	ein

3.3.2 Definition repräsentativer Lastprofile für kundenrelevanten Betrieb

Zur Identifikation eines repräsentativen kundenrelevanten Betriebsszenarios wurden Flottenversuche mit rein elektrisch betriebenen Fahrzeugen analysiert. Der Fokus lag hierbei auf Flottenversuchen, in deren Rahmen das Nutzungsverhalten der aktuellen E-Fahrzeug-Generation untersucht wurde. Berichte aus Flottenversuchen aus den Jahren 1996 - 2003, siehe zum Beispiel in [69], wurden nicht berücksichtigt, da diese – bedingt durch den damaligen Stand der Technik – gegenüber heutigen Fahrzeugen deutlich eingeschränkte technische Eigenschaften aufwiesen.

Insbesondere die im Rahmen der Studie „CABLED" im Raum Birmingham/Coventry erhobenen Daten erlauben Rückschlüsse auf das Nutzungsverhalten von E-Fahrzeugen der aktuellen Generation. Insgesamt 110 Fahrzeuge verschiedener Marken, unter anderem 25 Mitsubishi iMiev, 25 Tata Indica Vista EVs und 40 Smart fortwo electric drive, wurden mit Datenloggern ausgerüstet und an ausgewählte Kunden für mindestens 12 Monate verleast. Auf dieser Basis erfolgte eine wissenschaftliche Begleitung der Studie durch drei Universitäten, welche unter anderem die Auswertung und Aufbereitung der erhobenen Daten vornahmen.

Erste Ergebnisse der „CABLED"-Studie – auf Basis der ersten 25 Fahrzeuge (alle Mitsubishi iMiev) – wurden im März 2010 veröffentlicht [1]. Folgende für diese Arbeit zentrale Ergebnisse lassen sich ableiten:

- Fahrtlängen
  - ○ 2/3 aller Fahrten sind kürzer als 8 km (5 mi).
  - ○ Im Mittel werden pro Tag und Fahrzeug 37 km (23 mi) zurückgelegt.
  - ○ Der Median aller Fahrten pro Tag und Fahrzeug liegt bei 29 km (18 mi).
- Fahrtdauern
  - ○ 87 % der Fahrten dauern weniger als 25 min.
  - ○ Im Mittel dauert eine Fahrt 14 min.
  - ○ Der Median aller Fahrten liegt bei 11 min.
- Durchschnittsgeschwindigkeiten
  - ○ Die Durchschnittsgeschwindigkeit über alle Fahrten beträgt 48 km/h (30 mph).

Vergleicht man diese Ergebnisse mit den Erkenntnissen aus Flottenversuchen mit konventionellen Fahrzeugen, wie z.B. in [69][2], zeigen sich z.B. in Bezug auf durchschnittliche Fahrtdauern und -strecken vergleichbare Resultate, so dass auf Kurzstrecken von einem gleichen Nutzungsverhalten ausgegangen werden kann. Bedingt

---

[2]Analysiert wurden im Zeitraum 1997 - 2000 21 konventionell angetriebene Fahrzeuge in Kundenhand bzw. Fuhrparkfahrzeuge. Die zu Grunde gelegte Fahrleistung betrug insgesamt ca. 270.000 km.

durch die erheblich höhere Reichweite sowie die gegenüber Ladevorgängen erheblich kürzeren Tankvorgänge beim konventionellen Fahrzeug ergeben sich für diese erwartungsgemäß signifikant höhere mittlere Fahrtstrecken pro Tag und Fahrzeug. Trotz dieser Langstreckenfahrten wird im Mittel nur eine Durchschnittsgeschwindigkeit von 48 km/h erreicht; im Kurzstreckenbetrieb ist von einer nochmals verminderten Durchschnittsgeschwindigkeit auszugehen.

Ausgehend von diesen Analysen wird als Basisfahrprofil der Neue Europäische Fahrzyklus (NEFZ) nach europäischer Norm ECE-R 101 [86] herangezogen. Der NEFZ besteht aus einem 195 s dauernden Grund-Stadtfahrzyklus (ECE), der nacheinander vielmalig durchfahren wird, sowie einem 400 s dauernden außerstädtischen Fahrzyklus (EUDC), siehe Abbildung 3.5. Für detaillierte Angaben zu Beschleunigungs- bzw. Verzögerungsverhalten sowie den gefahrenen (Durchschnitts-)Geschwindigkeiten wird an dieser Stelle auf die obenstehende Norm (Anhang 7) verwiesen.

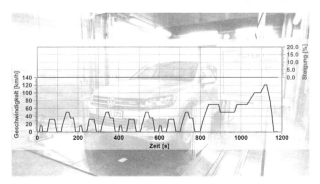

Abbildung 3.5 Geschwindigkeits- und Steigungsprofil NEFZ

Im Gegensatz zu der oben genannten Norm zur Bestimmung des Energieverbrauchs wird der NEFZ jedoch nicht nur zweimal, sondern viermal durchfahren. Hiermit wird der durchschnittlichen Fahrtstrecke mit einem E-Fahrzeug pro Tag, wie im Vorhergehenden dargestellt, Rechnung getragen.

Die inhaltlichen Vorgaben der Norm im Hinblick auf Umgebungsbedingungen sowie die zugeschalteten Komfort- und Nebenverbraucher werden im Rahmen dieser Arbeit spezifiziert und erweitert. Unter den gesetzlichen Rahmenbedingungen beträgt die Umgebungstemperatur 20 bis 30 °C; sämtliche Komfort- und Nebenverbraucher wie die Innenraumklimatisierung oder das Abblendlicht sind nicht aktiv. Vergleichbare Bedingungen kommen zwar unter kundenrelevanten Betriebsbedingungen vor, sind jedoch aufgrund ihrer geringen Auftretenshäufigkeit in Bezug auf einen mittleren Energieverbrauch vor Kunde wenig aussagekräftig. Hier sind neben verschiedenen Umgebungsbedingungen – in den Ausprägungen Umgebungstemperatur, -feuchte und Solarstrahlung – auch Nutzungsanteile der verschiedenen Sicherheits- und Komfortfunktionen im Fahrzeug realistisch anzusetzen.

Um für den gesamten kundenrelevanten Betriebsbereich repräsentative Umgebungsbedingungen abbilden zu können, reicht es nicht aus, nur die Umgebungstemperatur, -feuchte und Solarstrahlung für einen ausgewählten Ort über den gesamten Tagesgang zu betrachten und entsprechend ihrer Auftretenshäufigkeit abzubilden. Zusätzlich sind diese Umgebungsparameter mit der Information zu überlagern, zu welcher Zeit im Tagesverlauf welcher Anteil an Kunden tatsächlich mit einem Fahrzeug unterwegs ist. Die von der FAT in Auftrag gegebene und vom Institut für Thermodynamik der Universität Braunschweig erstellte Studie „Klimadaten und Nutzungsverhalten zu Auslegung, Versuch und Simulation an Kraftfahrzeug-Kälte-/Heizanlagen in Europa, USA, China und Indien" [82] bietet hierzu eine breite Datenbasis, die für die Festlegung der Auftretenshäufigkeiten einzelner Klimapunkte vor Kunde herangezogen wurde.

Das dort beschriebene methodische Vorgehen ist im ersten Schritt noch nicht marktspezifisch. Um die Anzahl der zu analysierenden Umgebungsbedingungen auf ein für die Systembewertung anwendbares Maß zu reduzieren, werden im Rahmen dieser Arbeit folgende Einschränkungen getroffen:

1. Darstellung der Bewertungsmethodik exemplarisch für den Markt Deutschland

2. Systembewertung unter Verwendung einer marktspezifischen Ableitung repräsentativer Punkte aus der gesamten Matrix der auftretenden Umgebungsbedingungen

Für letzteren Punkt wurde für die Gesamtmatrix aller im Jahresverlauf vor Kunde auftretenden Umgebungsbedingungen (auch: Summe aller Klimapunkte) der mittlere Energiebedarf ermittelt. Anschließend wurden vier repräsentative Klimapunkte ausgewählt, siehe Tabelle 3.2:

Tabelle 3.2 Umgebungsbedingungen für kundenrelevanten Betrieb

	Klimapunkt 1	Klimapunkt 2	Klimapunkt 3	Klimapunkt 4
Außentemperatur	- 7 °C	7 °C	20 °C	35 °C
Relative Luftfeuchte	70%	60%	50%	30%
Solarstrahlung	0 W/m^2	0 W/m^2	0 W/m^2	850 W/m^2

Für den 20 °C-Fall ist hierbei anzumerken, dass dieser, aufgrund der dadurch entstehenden Verfahrensvereinfachung realer Prüfstandsversuche, ohne Sonneneinstrahlung bewertet wird. Der hierdurch hervorgerufene Minderenergiebedarf wird durch eine geringe Gewichtung dieses Klimapunktes zugunsten des 35 °C-Lastfalles ausgeglichen. Die Positionierung dieser Punkte innerhalb der gesamten Matrix ist in Abbildung 3.6 dargestellt.

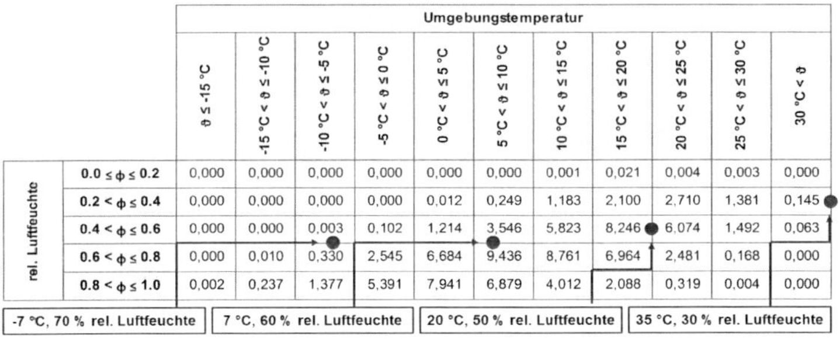

rel. Luftfeuchte	Umgebungstemperatur										
		$\vartheta \leq -15\ °C$	$-15\ °C < \vartheta \leq -10\ °C$	$-10\ °C < \vartheta \leq -5\ °C$	$-5\ °C < \vartheta \leq 0\ °C$	$0\ °C < \vartheta \leq 5\ °C$	$5\ °C < \vartheta \leq 10\ °C$	$10\ °C < \vartheta \leq 15\ °C$	$15\ °C < \vartheta \leq 20\ °C$	$20\ °C < \vartheta \leq 25\ °C$	$25\ °C < \vartheta \leq 30\ °C$	$30\ °C < \vartheta$
$0.0 \leq \phi \leq 0.2$	0,000	0,000	0,000	0,000	0,000	0,000	0,001	0,021	0,004	0,003	0,000
$0.2 < \phi \leq 0.4$	0,000	0,000	0,000	0,000	0,012	0,249	1,183	2,100	2,710	1,381	0,145
$0.4 < \phi \leq 0.6$	0,000	0,000	0,003	0,102	1,214	3,546	5,823	8,246	6,074	1,492	0,063
$0.6 < \phi \leq 0.8$	0,000	0,010	0,330	2,545	6,684	9,436	8,761	6,964	2,481	0,168	0,000
$0.8 < \phi \leq 1.0$	0,002	0,237	1,377	5,391	7,941	6,879	4,012	2,088	0,319	0,004	0,000

-7 °C, 70 % rel. Luftfeuchte	7 °C, 60 % rel. Luftfeuchte	20 °C, 50 % rel. Luftfeuchte	35 °C, 30 % rel. Luftfeuchte

Abbildung 3.6 Auftretenshäufigkeit einzelner Umgebungsbedingungen vor Kunde in Deutschland (nach [82])

Zur Ableitung einer Bewertung im Jahresmittel werden diese ausgewählten Klimapunkte jeweils mit repräsentativen Auftretenshäufigkeiten versehen. Die einem einzelnen Klimapunkt KP_i zugeordnete Häufigkeit h_i wird durch Analyse des Energiebedarfes für die Klimatisierung des Fahrgastraums im Jahresmittel für das Referenzfahrzeug abgesichert. Die bilanzierten Energiebedarfe umfassen hierbei sowohl die Hochvolt-Verbraucher (PTC-Heizung und elektrischer Klimakompressor) als auch die klimarelevanten Verbraucher im Niedervolt-Bordnetz wie zum Beispiel Lüfter und Gebläse. Bei der Definition der repräsentativen Klimapunkte wird als Kriterium herangezogen, dass der Energiebedarf eines repräsentativen Klimapunktes im Jahresmittel der Summe aller ihm zugeordneten Einzelpunkte entspricht. Somit konnte eine für den Markt Deutschland gültige reduzierte Abbildung der 55 einzelnen Klimapunkte auf Basis von vier repräsentativen Klimapunkten erreicht werden. Exemplarisch dargestellt, ergibt sich für Klimapunkt 1 folgender Zusammenhang:

$$E(KP_1 \cdot h_1) = \sum_{i=-20°C, j=0}^{\vartheta_{Grenz\,1\rightarrow 2},\, \varphi_{max}=1} E(KP_{i,j}) \cdot h_{i,j} \qquad (3.2)$$

Insgesamt werden die repräsentativen Klimapunkte 1 - 4 jeweils mit folgenden Häufigkeiten gewichtet, siehe Tabelle 3.3:

Tabelle 3.3 Gewichtung der repräsentativen Klimapunkte

	Klimapunkt 1	Klimapunkt 2	Klimapunkt 3	Klimapunkt 4
Außentemperatur	- 7 °C	7 °C	20 °C	35 °C
Gewichtung	20%	50%	20%	10%

Wie bereits für die Grenzbetriebsbetrachtungen sind schließlich noch die vom Kunden abgeforderten Komfort- und Sicherheitsfunktionen im Kundenbetrieb zu definieren. Eine Gesamtübersicht über die vier repräsentativen Lastfälle mit Umgebungsbedingungen und den angesetzten Komfort- und Nebenverbrauchern ist in Tabelle 3.4 dargestellt.

Tabelle 3.4 Übersicht Lastfälle für Systembewertungen unter kundenrelevanten Bedingungen

		Klima-punkt 1	Klima-punkt 2	Klima-punkt 3	Klima-punkt 4
Fahrprofil		NEFZ (4 x)			
Umgebungs-profil	**Umgebungs-temperatur**	- 7 °C	7 °C	20 °C	35 °C
	rel. Luftfeuchte	70 %	60 %	50 %	30 %
	Solarstrahlung	0 W/m²	0 W/m²	0 W/m²	850 W/m²
Konditio-nierung	**Batterietempera-tur bei Fahrtantritt**	- 7 °C	7 °C	20 °C	35 °C
	Ladezustand bei Fahrtantritt	90 %			
Komfort, Sicherheit	**Klimatisierung**	Auto 22			
	Sitzheizung	Stufe 2	aus	aus	aus
	Heckscheiben-heizung	ein	aus	aus	aus
	Abblendlicht, RNS	ein	ein	ein	ein

3.3.3 Definition relevanter Bilanzräume und -grenzen

Für die ganzheitliche Systembewertung ist die Kenntnis aller Energieflüsse im Gesamtfahrzeug – elektrisch, mechanisch und thermisch – von entscheidender Bedeutung. Die relevanten Energieflüsse sind hierbei nicht nur zu identifizieren, sondern auch in Größe und Richtung zu quantifizieren. Während der Energiefluss über den gesamten Antriebsstrang, d.h. zwischen Traktionsbatterie und den Rädern der angetriebenen Achse(n), über die Funktionen Antreiben und Rekuperieren bidirektional ist, sind die Verlustleistungsströme sowie die elektrischen Energieströme im Bordnetz unidirektional. In Abbildung 3.7 sind beispielhaft die im Rahmen dieser Arbeit bilanzierten Energieflüsse im Antriebsstrang sowie im Bordnetz dargestellt. Welche Energieflüsse auf System- bzw. Komponentenebene im Rahmen dieser Arbeit in den einzelnen Simulationsmodellen berücksichtigt wurden und in die Gesamtenergiebilanz eingegangen sind, und an welchen Stellen bewusste Vereinfachungen vorgenommen wurden, ist in Kapitel 4 dargestellt.

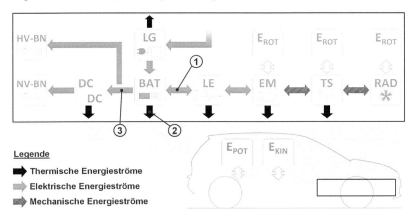

Abbildung 3.7 Energiebilanz auf Gesamtfahrzeugebene

Die Bilanzgrenze für den mechanischen Pfad sind die Räder der angetriebenen Achse(n), an denen direkt die Fahrwiderstandskräfte wirken. Die elektrische Energie wird geschlossen von der Traktionsbatterie bis hin zu den Hoch- und Niedervoltverbrauchern, dem Ladegerät sowie der elektrischen Maschine bilanziert. Für mechanische und elektrische Energiewandlungsketten werden die Verlustleistungen als thermische Energieströme bilanziert, die entweder bei Abgabe an die Umgebung den Bilanzraum verlassen oder Eingang in die Bilanz der Fluidkreisläufe finden.

Insbesondere für die zur Klimatisierung der Fahrzeugkabine bereitgestellte Wärme-, Kälte- und Entfeuchtungsleistung ist die klare Definition der bilanzierten Größen und auch der Bilanzgrenzen erforderlich. So ist zum Beispiel zu berücksichtigen, dass für hohe relative Luftfeuchten die erforderliche Leistung zum Entfeuchten des Luftmassenstroms (latenter Anteil) eine ähnliche Größenordnung annehmen kann wie die Leistung, die zum Kühlen des trockenen Luftmassenstroms (sensibler Anteil) benötigt wird [31]. Bei der Ableitung einer sinnvollen Bilanzgrenze sollen daher im Folgenden die Änderungen der Enthalpie der zum Heizen bzw. Kühlen genutzten Luft über den Luftpfad[3] dargestellt werden.

Den Beginn des Luftpfades stellt zum einen die Frischluftansaugung über den Wasserkasten des Fahrzeuges, zum anderen die Ansaugung der sich im Fahrgastraum befindlichen Luft mittels eines Gebläses dar. Im Heizungs-/Klimagerät erfolgt über die Stellung der sog. Frischluft-/Umluftklappe die Regelung der Zuluft; hierbei kann mit Hilfe der Klappe eine kontinuierliche Regelung vom Frischluft- über den Teilumluft-

---

[3]Enthalpieänderungen durch Druck- und Geschwindigkeitsänderungen an Luftklappen und innerhalb der Verrohrungen werden im Rahmen dieser Betrachtung vernachlässigt.

bis hin zum Umluftbetrieb erfolgen. Für den Zustand der vom Gebläse angesaugten Luft, dargestellt über den Enthalpiestrom nach der Frischluft-/Umluftklappe, gilt mit der spezifischen Wärmekapazität von Luft und Wasser, $c_{p,L}$ und $c_{p,D}$, und der absoluten Luftfeuchte am Verdampfereintritt $x_{VD,Zuluft}$

$$\dot{H}_{VD,Zuluft} = \dot{m}_L \cdot [c_{p,L} + c_{p,D} \cdot x_{VD,Zuluft}] \cdot \vartheta_{VD,Zuluft} \tag{3.3}$$

mit dem trockenen Luftmassenstrom nach [31]

$$\dot{m}_L = \frac{\dot{m}}{1 + x_{VD,Zuluft}} \,. \tag{3.4}$$

Anschließend strömt die Luft über den Verdampfer, wo eine Abkühlung und/oder Entfeuchtung der Luft vorgenommen wird. Die luftseitige Wärme- bzw. Enthalpiebilanz über den Verdampfer setzt sich aus der Summe der Bilanz von sensiblem und latentem Enthalpiestrom zusammen,

$$\dot{H}_{VD,Gesamt} = \dot{H}_{VD,Sensibel} + \dot{H}_{VD,Latent} \tag{3.5}$$

mit dem sensiblen Enthalpiestrom

$$\dot{H}_{VD,Sensibel} = \dot{m}_L \cdot [c_{p,L} + c_{p,D} \cdot x_{VD,Zuluft}] \cdot (\vartheta_{VD,Zuluft} - \vartheta_{VD,Abluft}) \tag{3.6}$$

und dem latenten Enthalpiestrom des Kondensats

$$\dot{H}_{VD,Latent} = \dot{m}_L \cdot [x_{VD,Zuluft} - x_{VD,Abluft}] \cdot r \,. \tag{3.7}$$

Für die Temperatur des Kondensats wird hierbei die Temperatur der Luft nach Verdampfer angenommen. Die Verdampfungswärme des Kondensats r kann für $\vartheta_{VD,Abluft} > 0°C$ mit

$$r = r_0 - (c_{p,W} - c_{p,D}) \cdot \vartheta_{VD,Abluft} \tag{3.8}$$

bestimmt werden. r_0 beschreibt hierbei die Verdampfungswärme von Wasser bei 0 °C von ca. 2500 kJ/kg [31]. Über eine nachgeschaltete Temperaturklappe wird die Luft dann entweder direkt zu den Ausströmern oder zuvor noch über den Heizungswärmeübertrager zum Aufheizen der Luft geleitet. Für den an die Luft übertragenen Wärmestrom gilt analog Gleichung 3.6

$$\dot{H}_{HWT} = \dot{m}_L \cdot [c_{p,L} + c_{p,D} \cdot x_{VD,Abluft}] \cdot (\vartheta_{HWT,Abluft} - \vartheta_{VD,Abluft}) \,. \tag{3.9}$$

Der an die Luft übertragene Enthalpiestrom ist hierbei gleich dem Wärmestrom, da es zu keiner Änderung der absoluten Feuchte kommt.

Über weitere Klappen findet anschließend die Verteilung der Luft auf die verschiedenen Ausströmer im Fahrgastraum statt. Die Luftführung in einem Heizungs-/Klimagerät ist exemplarisch in Abbildung 3.8 dargestellt.

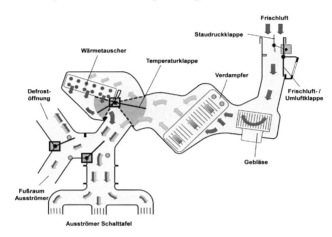

Abbildung 3.8 Luftführung in einem Heizungs-/Klimagerät [92]

Der Eintrittsenthalpiestrom für feuchte Luft in den Fahrgastraum lässt sich somit durch

$$\dot{H}_{FGR,\,Zuluft} = \dot{H}_{VD,\,Zuluft} - \dot{H}_{VD,\,Gesamt} + \dot{H}_{HWT} \qquad (3.10)$$

beschreiben.

Für den Fahrgastraum lässt sich schließlich, unter Verwendung des beschriebenen Eintrittsenthalpiestromes, des Austrittsenthalpiestromes, der Summe der konvektiv an die Luft übertragenen Wärmeströme sowie der durch Strahlung eingebrachten Wärmeströme, eine Energiebilanz für die Luft im Fahrgastraum aufstellen (vgl. Kapitel 4.1.8).

Aus Sicht einer Bilanzierung der zur Klimatisierung aufgewandten Energie erscheint es sinnvoll, alle Enthalpieänderungen über den Luftpfad einzeln zu bilanzieren und anschließend zu summieren, da jeder einzelne Prozessschritt zum Einstellen eines in Temperatur und Feuchte definierten Eintrittszustand in den Fahrgastraum notwendig ist. Durch die gesonderte Bilanzierung von Verdampfer und Wärmeübertrager wird sichergestellt, dass auch zum Beispiel im Reheat-Betrieb[4] die für die Klimatisierung der Fahrzeugkabine aufgewandten Enthalpieänderungen des Luftmassen-

---

[4]Beim Reheat-Betrieb wird die Luft im Verdampfer abgekühlt, entfeuchtet und anschließend im Wärmeübertrager auf die Soll-Ausblastemperatur aufgeheizt.

stromes in Summe quantifiziert werden können. Durch eine Bilanzierung auf Basis der Ein- und Austrittszustände der Luft über das Heiz-/Klimagerät (HKG) wäre eine sich an den thermischen Aufwänden orientierende Bilanzierung nicht möglich.

$$\Delta\dot{H}_{HKG} = \dot{H}_{VD,Gesamt} + \dot{H}_{HWT} \neq \dot{H}_{FGR,Zuluft} - \dot{H}_{VD,Zuluft} \tag{3.11}$$

$\Delta\dot{H}_{HKG}$ beschreibt damit nicht die Änderung der Enthalpie der Luft über das Heiz-/Klimagerät, sondern bildet die Summe der absoluten Änderungen der Enthalpie über die einzelnen Prozessschritte (Kühlen, Entfeuchten, Erhitzen) ab.

3.3.4 Ansatz zur ganzheitlichen Systembewertung mittels Systemleistungsindex

Für eine vergleichende Energieeffizienzbewertung verschiedener Systemvarianten im Rahmen einer Gesamtfahrzeugsimulation ist es nicht ausreichend, nur den Energieverbrauchs- bzw. Reichweiteneinfluss dieser Varianten zu quantifizieren. Zusätzlich sind im Rahmen einer ganzheitlichen Bewertung weitere, mit der Energieeffizienz eines Fahrzeugs interagierende und zum Teil konkurrierende Zieldimensionen[5] zu berücksichtigen und zu quantifizieren. Deutlich wird diese Notwendigkeit am Beispiel eines Winterlastfalls, bei dem zugunsten eines verringerten Energieverbrauches die Konditionierung des Fahrgastraumes eingeschränkt wird, oder die abrufbaren Fahrleistungen aufgrund eingeschränkter Konditionierung der Antriebskomponenten nicht abgerufen werden können. Die Zieldimensionen werden hierbei nicht nur qualitativ, sondern auch quantitativ erfasst und in Relation zueinander gesetzt, um eine ganzheitliche vergleichende Bewertung von Komponenten- und Systemvarianten vornehmen zu können.

Folgende Zieldimensionen werden in einem ersten Schritt zur Systembewertung herangezogen und im Folgenden näher erläutert:

- Energieeffizienz der Antriebsfunktionen
- Energieeffizienz der Komfort- und Sicherheitsfunktionen
- Fahrleistung
- Klimakomfort
- Energiekosten

In einem zweiten Schritt soll eine Bewertungsmethode gefunden werden, die eine vergleichende Darstellung sowohl verschiedener Systemvarianten unter gleichen Randbedingungen als auch gleicher Systeme unter verschiedenen Randbedingungen auf Basis der gewichteten Zieldimensionen ermöglicht. Hieraus leitet sich die Anforderung einer dimensionslosen Darstellung der einzelnen Zieldimensionen ab.

---

[5]Die Zieldimensionen lassen sich in diesem Zusammenhang mit einer Untermenge der Anforderungen aus dem Eigenschaftskatalog eines Fahrzeuges vergleichen.

Im Folgenden werden die einzelnen Zielgrößen spezifisch für die Antriebstopologie des im Rahmen dieser Arbeit betrachteten Referenzfahrzeugs dargestellt; eine Übertragbarkeit auf andere Topologien ist in analoger Weise möglich.

Fahreffizienzindex (FEI)

Über den Fahreffizienzindex wird die Energieeffizienz bei der Bewältigung der Fahraufgabe des Fahrzeugs bewertet. Hierbei wird der Quotient aus dem Energiebedarf zur Überwindung der Fahrwiderstände [11] (Nutzen) und der hierfür aufgewandten Antriebs- und Konditionierungsenergie gebildet (Aufwand); der Quotient entspricht damit formal der Definition eines Wirkungsgrades. Durch diese Art der Darstellung wird eine Übertragbarkeit auch auf andere Fahrzeugklassen mit deutlich abweichenden Fahrwiderständen und/oder Antriebsstrangtopologien möglich.

Für die Fahrwiderstandsleistungen ist hierbei zu beachten, dass sowohl Roll- als auch Luftwiderstandsleistung (P_r bzw. P_{LW}) nur positive Werte annehmen können, während für die Beschleunigungs- und Steigungsleistung über Bremsvorgänge bzw. Bergabfahrten auch negative Werte auftreten. Die kinetische Energie eines Fahrzeuges entspricht dem Integral der Beschleunigungsleistungen P_a, während die potentielle Energie eines Fahrzeugs gegenüber einer Referenzhöhe dem Integral der Steigungsleistungen P_{St} entspricht.

Die aufgewandte Antriebsenergie umfasst im Wesentlichen den batterieseitigen Energiefluss über die Leistungselektronik P_{LE}, siehe (1) in Abbildung 3.7. Hierdurch findet die gesamte der Leistungselektronik nachfolgende Energiewandlungskette, von der Elektrischen Maschine über das Getriebe, das Differential und die Antriebswellen bis zu den Rädern der angetriebenen Achse, Eingang. Die zugehörige integrale Leistungsaufnahme der Steuergeräte der Komponenten im Antriebsstrang wird voll berücksichtigt, während im Fall einer Konditionierung der Traktionsbatterie der elektrische Energiebedarf für die Heiz-/Klimafunktionen anteilig eingeht, $P_{K,HVBat}$ (3). Schließlich werden zusätzlich die Verluste durch das Laden bzw. Entladen der Traktionsbatterie in Folge der Leistungsanforderungen von Antrieb, Konditionierung und Grundlast $P_{V,HVBat,Antrieb}$ (2) berücksichtigt.

$$\eta_{FE} = \frac{\int_{t_0}^{t_e} (P_r + P_{LW} + P_a + P_{St}) \, dt}{\int_{t_0}^{t_e} (P_{LE} + \frac{P_{Grundlast}}{\eta_{DCDC}} + P_{V,HVBat,Antrieb} + P_{K,HVBat}) \, dt} \qquad (3.12)$$

mit der für die Antriebsfunktionen anteilig einbezogenen Verlustleistung der Traktionsbatterie

$$P_{V,HVBat,Antrieb} = \frac{P_{V,HVBat}}{P_{HVBat}} \cdot \left(P_{LE} + P_{K,HVBat} + \frac{P_{Grundlast}}{\eta_{DCDC}} \right) \qquad (3.13)$$

und des zur Vorkonditionierung der Traktionsbatterie eingesetzten Anteils des elektrischen Energiebedarfs für die Heiz-/Klimafunktionen, siehe auch Gleichung 3.18,

$$P_{K,HVBat} = \frac{\dot{Q}_{WT,HVBat}}{\Delta\dot{H}_{HKG}} \cdot (P_{el,Klima} + P_{V,HVBat,Klima}) \tag{3.14a}$$

und dem Wärmestrom über den Wärmeübertrager der Traktionsbatterie

$$\dot{Q}_{WT,HVBat} = \dot{m}_{KM,WTHVBat} \cdot c_{p,KM} \cdot \Delta\vartheta_{WTHVBat} \tag{3.14b}$$

Befindet sich das Fahrzeug sowohl zu Fahrtbeginn als auch bei Fahrtende im Stand, wird über die Fahraufgabe keine Höhendifferenz zurückgelegt und findet keine Vorkonditionierung der Traktionsbatterie statt (wie zum Beispiel im NEFZ unter Normbedingungen), vereinfachen sich Gleichungen 3.12 bis 3.14 zu

$$\eta_{FE} = \frac{\int_{t_0}^{t_e}(P_r + P_{LW})\,dt}{\int_{t_0}^{t_e}(P_{LE} + \frac{P_{Grundlast}}{\eta_{DCDC}} + \frac{P_{V,HVBat}}{P_{HVBat}} \cdot (P_{LE} + \frac{P_{Grundlast}}{\eta_{DCDC}}))\,dt} \cdot \tag{3.15}$$

Fahrleistungsindex (FLI)

Durch den Fahrleistungsindex wird die Güte der Bewältigung einer vorgegebenen Fahraufgabe bewertet. Insbesondere unter extremen Lastbedingungen, wie z.B. im Grenzbetrieb, kann unter bestimmten Umständen nicht die volle, unter Normbedingungen bereitstehende Systemleistung abgerufen werden. Infolgedessen kann es zu Verletzungen des vorgegebenen Soll-Geschwindigkeitsverlaufs kommen.

Für die untersuchten Umfänge wurde jeweils die Sollfahrkurve in Form eines transienten Soll-Geschwindigkeitsprofils vorgegeben. Eine Verletzung der Sollkurve hat daher eine Änderung der gefahrenen Strecke gegenüber der Sollstrecke zur Folge. Über den Fahrleistungsindex wird eine mittlere Abweichung der in der Simulation absolvierten Strecke zur Sollstrecke in Relation gesetzt. Der Fahrleistungsindex ergibt sich damit zu

$$\eta_{FK} = 1 - \frac{\int_{t_0}^{t_e}|v_{soll} - v_{ist}|\,dt}{\int_{t_0}^{t_e} v_{soll}\,dt} \cdot \tag{3.16}$$

Mit dem Fahreffizienzindex kann so ein Wertebereich von 0 (dauerhaft stehendes Fahrzeug) bis 1 (keine Abweichung von Ist- zu Sollgeschwindigkeit) dargestellt werden.

Klimaeffizienzindex (KEI)

Der Klimaeffizienzindex bewertet die Effizienz des Energieeinsatzes zur Klimatisierung des Fahrgastraumes. Die Darstellung erfolgt über den Quotienten von bereitgestellter Wärme-, Kälte- bzw. Entfeuchtungsleistung zur Klimatisierung der Fahrzeugkabine und der dazu eingesetzten elektrischen Energie sowie den anteilig berücksichtigten Verlusten beim Entladen der Traktionsbatterie. Bezüglich der formalen

Darstellung findet, wie schon beim Fahreffizienzindex, eine an einen Wirkungsgrad angelehnte Darstellung Anwendung. Der Nutzen wird hierbei über die Summe der Änderungen der sensiblen und latenten Enthalpieströme über den Luftpfad, vgl. Gleichung 3.11, ausgedrückt.

Bei den Aufwänden in der Bilanz sind in erster Linie die Verbraucher im Hochvolt-Bordnetz – das PTC für den Heiz- und Reheat- sowie der elektrische Klimakompressor für den Kühl- und Entfeuchtungsbetrieb – zu nennen. Daneben gehen die zur Verteilung der Luft- und Fluidströme im Fahrzeug notwendigen Lüfter, Pumpen und Gebläse in die Bilanz ein, als Niedervolt-Verbraucher jeweils mit den Wirkungsgrad des DCDC-Wandlers beaufschlagt. Die Verluste durch das Laden bzw. Entladen der Traktionsbatterie werden analog zum Fahreffizienzindex berücksichtigt. Da im Falle einer Vorkonditionierung der Traktionsbatterie nicht die gesamte Summe der Aufwände zur Klimatisierung des Fahrgastraumes genutzt werden kann, findet eine anteilige Gewichtung über die nutzbaren Enthalpiebilanz- bzw. Wärmeströme $\Delta \dot{H}_{HKG}$ und $\dot{Q}_{WT\,HVBat}$ statt.

Der Klimaeffizienzindex η_{KE} ergibt sich damit zu

$$\eta_{KE} = \frac{\int_{t_0}^{t_e} \Delta \dot{H}_{HKG}\, dt}{\int_{t_0}^{t_e} (P_{el,Klima} - P_{K,HVBat} + P_{V,HVBat,Klima})\, dt} \tag{3.17}$$

$$= \frac{\int_{t_0}^{t_e} \overbrace{(\dot{m}_L \cdot c_{p,L} \cdot (\vartheta_{HWT,Abluft} + \vartheta_{VD,Zuluft} - 2 \cdot \vartheta_{VD,Abluft}))}^{\text{Trockene Luft}}\, dt}{\int_{t_0}^{t_e} (P_{el,Klima} \cdot (1 + \frac{P_{V,HVBat}}{P_{HVBat}}) \cdot (1 - \frac{\dot{Q}_{WT,HVBat}}{\Delta \dot{H}_{HKG}}))\, dt}$$

$$+ \frac{\int_{t_0}^{t_e} \overbrace{(\dot{m}_L \cdot c_{p,D} \cdot x_{VD,Abluft} \cdot (\vartheta_{HWT,Abluft} - \vartheta_{VD,Abluft}))}^{\text{Dampfanteil über HWT}}\, dt}{\int_{t_0}^{t_e} (P_{el,Klima} \cdot (1 + \frac{P_{V,HVBat}}{P_{HVBat}}) \cdot (1 - \frac{\dot{Q}_{WT,HVBat}}{\Delta \dot{H}_{HKG}}))\, dt}$$

$$+ \frac{\int_{t_0}^{t_e} \overbrace{(\dot{m}_L \cdot c_{p,D} \cdot x_{VD,Zuluft} \cdot (\vartheta_{VD,Zuluft} - \vartheta_{VD,Abluft}))}^{\text{Dampfanteil über VD}}\, dt}{\int_{t_0}^{t_e} (P_{el,Klima} \cdot (1 + \frac{P_{V,HVBat}}{P_{HVBat}}) \cdot (1 - \frac{\dot{Q}_{WT,HVBat}}{\Delta \dot{H}_{HKG}}))\, dt}$$

$$+ \frac{\int_{t_0}^{t_e} \overbrace{(\dot{m}_L \cdot (x_{VD,Zuluft} - x_{VD,Abluft}) \cdot r)}^{\text{Kondensat}}\, dt}{\int_{t_0}^{t_e} (P_{el,Klima} \cdot (1 + \frac{P_{V,HVBat}}{P_{HVBat}}) \cdot (1 - \frac{\dot{Q}_{WT,HVBat}}{\Delta \dot{H}_{HKG}}))\, dt}$$

mit dem elektrischen Leistungsbedarf für Heiz-/Klimafunktionen

$$P_{el,Klima} = \left(P_{PTC} + P_{EKK} + \frac{P_{Pump} + P_{Fan\,HKG} + P_{Fan\,FTD}}{\eta_{DCDC}} \right) \qquad (3.18)$$

und der anteilig berücksichtigten Verlustleistung der Traktionsbatterie

$$P_{V,HVBat,Klima} = \frac{P_{V,HVBat}}{P_{HVBat}} \cdot P_{el,Klima} \,. \qquad (3.19)$$

Bei der Ermittlung von $P_{V,HVBat,Klima}$ wird vernachlässigt, dass es während der Rekuperation durch die Klimatisierung effektiv zu einer Verminderung der antriebsrelevanten Batterieverluste kommt, da die Ladeleistung der Batterie bereits um die Klimatisierungsleistung vermindert wurde. In der Praxis kann so vermieden werden, ein zweites Batteriemodell zur exakten Ermittlung der Aufteilung der Batterieverlustleistung parallel in der Berechnung mitlaufen lassen zu müssen.

Klimakomfortindex (KKI)

Die Bewertung des Insassenkomforts in Kraftfahrzeugen durch Behaglichkeitsmodelle ist seit den 1970er Jahren Gegenstand der Forschung und stellt die Verbindung zwischen verschiedenen medizinischen und ingenieurswissenschaftlichen Fragestellungen dar [78]. Eine der wesentlichen Arbeiten auf diesem Gebiet ist das Behaglichkeitsmodell nach P. O. Fanger, das international anerkannt und Bestandteil der DIN EN ISO 7730 [19] ist. Bei dem von Fanger entwickelten Verfahren wird dem Empfinden des Menschen ein Wärmebeurteilungsindex, der sogenannte Predicted Mean Vote (PMV), zugeordnet. Der Wertebereich des PMV reicht dabei von -3 (sehr kalt) über 0 (thermisch neutral) bis +3 (sehr warm). Auf Basis der Arbeiten von Fanger, die mit dem Fokus der Beschreibung der thermischen Situation innerhalb von Gebäuden entstanden sind, wurden die Erkenntnisse von Hsu auf die hinsichtlich Strömung und Temperatur vergleichsweise inhomogene Situation in Kraftfahrzeugen übertragen und angepasst [78].

Der PMV ist wie folgt definiert:

$$PMV = \underbrace{[0,303 \cdot exp(-0,03 \cdot \dot{q}_{met}) + 0,028]}_{\text{Skalierungsfaktor}} \cdot \sum \dot{q}_{ab} \qquad (3.20)$$

mit der Summe aller zu- (Metabolismus) und abgeführten Wärmestromdichten (Wärmeleitung, Konvektion, Strahlung, Diffusion, Dampf in Form von feuchter Atemluft und Schweiß)

$$\sum \dot{q}_{ab} = \dot{q}_{met} + \dot{q}_{cond} + \dot{q}_{conv} + \dot{q}_{solar} + \dot{q}_{diff} + \dot{q}_{transp} \,. \qquad (3.21)$$

Nach Recknagel [70] ist der Einfluss der Diffusion mit 2...3 % so gering, dass er gegenüber den anderen Einflüssen vernachlässigt werden kann. Für die Wärmestromdichten durch Metabolismus und die solare Strahlung kann für die im Rahmen dieser Arbeit relevanten Betrachtungen angenommen werden, dass sich diese für die jeweils betrachteten Referenzszenarien nicht ändern. Die metabolische Rate ist nur abhängig von der Tätigkeit, zum Beispiel dem Führen eines KFZ (sitzende Tätigkeit) ca. $70\,W/m^2$ [19] (Anhang B). Die Wärmestromdichte durch die solare Strahlung kann als konstant angenommen werden, da keine Aufbaumaßnahmen wie zum Beispiel eine modifizierte Verglasung mit abweichenden optischen und/oder thermischen Eigenschaften bewertet werden, sondern diese Fahrzeugeigenschaften unverändert bleiben. Zusätzlich ist über das gewählte Bewertungsszenario (ausschließlich im Sommerlastfall solare Einstrahlung parallel zu Fahrzeughochachse) gewährleistet, dass die Insassen einer direkten Einstrahlung nur in geringem Maße ausgesetzt sind. Der Wärmestrom durch Transpiration kann nach [31] bei relativ trockener Luft, also für alle Winterlastfälle sowie die Sommerlastfälle mit Klimaanlagenbetrieb, vernachlässigt werden. Kommt es dennoch über einen begrenzten Zeitraum durch Schweißbildung zu einem Wärmestrom durch Transpiration[6], so ist dieser – eine gleiche durch Schweiß benetzte Fläche vorausgesetzt – proportional zum Wärmeübergangskoeffizienten sowie der Differenz der Wasserdampf-Partialdrücke am Wasserfilm und der anströmenden Luft.

Auf Basis dieser Betrachtungen sind damit $\dot{q}_{cond}$, $\dot{q}_{conv}$ sowie gegebenenfalls $\dot{q}_{transp}$ relevante Wärmestromdichten für die Quantifizierung eines Behaglichkeitsniveaus einer betrachteten Systemvariante gegenüber einer Referenz. Wie gezeigt wurde, sind diese Größen proportional zur treibenden Temperaturdifferenz[7] und damit zu einer mittleren Innenraumtemperatur.

In [31] wurde gezeigt, dass sich für unterschiedliche Sonneneinstrahlungen und Bekleidungen der PMV pro Temperaturerhöhung um 4 K um 1 erhöht. Überschreitet der Betrag der Temperaturabweichung gegenüber einer Zieltemperatur – für welche ein PMV von 0 (maximale Behaglichkeit) angenommen wird – 12 K, so wird von einem unbehaglichen Zustand ausgegangen. Als Zieltemperatur $T_{L,FGR,stat}$ kann in guter Näherung eine mittlere Innenraumtemperatur von 22 °C angenommen werden.

Der Klimakomfortindex ergibt sich damit aus der mittleren relativen Temperaturabweichung zwischen Momentan- und Zieltemperatur $\Delta T_{L,FGR}$ in Bezug auf den zu leistenden Temperaturhub zwischen einem behaglichen und einem unbehaglichen Zustand. Sowohl für Sommer- als auch für Winterlastfälle gilt damit

$$\eta_{KK} = 1 - \frac{1}{t} \int_{t_0}^{t_e} \frac{\Delta T_{L,FGR}}{12\,K}\,dt \qquad (3.22)$$

---

[6]Zum Beispiel für einen Sommerlastfall mit einem durch die solare Strahlung aufgeheizten Fahrzeug bei Beginn der Fahrt

[7]Quereinflüsse durch die zusätzliche Abhängigkeit des konvektiven Wärmestroms von der Geschwindigkeit der anströmenden Luft werden über konstante Randbedingungen für die zu vergleichenden Varianten ausgeschlossen.

mit

$$\Delta T_{L,FGR} = min(|T_{L,FGR,ist} - T_{L,FGR,stat}| \, , \, 12 \, K) \, . \tag{3.23}$$

Es wird somit im Rahmen der Klimakomfortbewertung nicht zwischen einer Unter- und einer Überschreitung der mittleren Innenraumtemperatur gegenüber der Referenztemperatur unterschieden, da beide Phänomene mit einem entsprechenden Diskomfort für den bzw. die Insassen verbunden sind. Aus systemischer und regelungstechnischer Sicht kann davon ausgegangen werden, dass für die betrachteten Referenzszenarien eine Annäherung an die Zieltemperatur sehr langsam erfolgt, so dass eine Über- bzw. Unterschreitung (für Winter- bzw. Sommerlastfälle) im Regelfall ausgeschlossen werden kann.

Betriebskostenindex (BKI)

Kernziel des Betriebskostenindexes ist die Quantifizierung der energetischen Mehr- bzw. Minderaufwände bei Änderung der Systemeigenschaften oder der Betriebsstrategie. Während eine Steigerung der Effizienzindizes η_{FE} und η_{KE} bei gleicher Sytemleistung in Bezug auf Antrieb und Klimatisierung direkt eine Steigerung der Reichweite des Fahrzeuges zur Folge hat, können durch den Betriebskostenindex die monetären Vor- bzw. Nachteile für den Kunden ausgewiesen werden. Im Fokus stehen dabei folgende Ziele:

- Darstellung gesteigerter Betriebskosten durch Vorkonditionierung von Antriebsstrangkomponenten und Fahrgastraum (Betriebskosten vor Antritt der Fahrt)

- Darstellung veränderter Betriebskosten durch Systemvarianten (Betriebskosten während der Fahrt)

Für eine Bewertung der Betriebskosten vor Kunde müssen immer beide Betriebskostenarten integral betrachtet werden, da sich in der Regel zusätzliche Betriebskosten für eine Vorkonditionierung des Fahrzeuges durch geringere Betriebskosten während der Fahrt teilweise kompensieren. Für den Betriebskostenindex werden die Betriebskosten des zu bewertenden Systems auf ein Referenzszenario bezogen. Das Referenzszenario beinhaltet hierbei den Basislastfall (ohne Vorkonditionierung, siehe auch Kapitel 3.3.1 und 3.3.2) und das nicht modifizierte/optimierte Gesamtfahrzeug. Für eine definierte Fahraufgabe zeigt der Betriebskostenindex damit die relative Änderung der Betriebskosten gegenüber dem Basisszenario an.

$$\eta_{BK} = \frac{\text{Betriebskosten}_{\text{ref}}}{\text{Betriebskosten}} = \frac{\int_{t_{v,s}}^{t_e} (P_{V,LG,ref} + P_{HVBat,ref} + P_{V,HVBat,ref}) \, dt}{\int_{t_{v,s}}^{t_e} (P_{V,LG} + P_{HVBat} + P_{V,HVBat}) \, dt} \tag{3.24}$$

Die Betriebskosten sind proportional zum gesamten Energieverbrauch über Konditionierungs- und Fahrtdauer. Damit unterliegt der Betriebskostenindex über die Größen P_{HVBat} und $P_{V,HVBat}$ einer Korrelation zu den Bilanzanteilen der Aufwandsseite von Fahreffizienz- und Klimaeffizienzindex (vgl. auch Gleichung 3.12 und 3.17):

$$P_{HVBat} + P_{V,HVBat} = \overbrace{P_{LE} + \frac{P_{Grundlast}}{\eta_{DCDC}} + P_{V,HVBat,Antrieb}}^{FEI}$$

$$+ \overbrace{P_{K,HVBat} + P_{el,Klima} - P_{K,HVBat} + P_{V,HVBat,Klima}}^{KEI}$$

$$= P_{LE} + P_{PTC} + P_{EKK} + \frac{P_{NV-Bordnetz,ges.}}{\eta_{DCDC}} + P_{V,HVBat}$$

$$\Leftrightarrow P_{HVBat} = P_{LE} + P_{PTC} + P_{EKK} + \frac{P_{NV-Bordnetz,ges.}}{\eta_{DCDC}} . \qquad (3.25)$$

Gleichung 3.25 entspricht der Energiebilanz über den Traktionsnetzverteiler des Fahrzeugs.

Im Gegensatz zum Fahr- und Klimaeffizienzindex, die ausschließlich während der Fahrt bilanziert werden, wird der Betriebskostenindex bereits ab Beginn einer vorgelagerten Vorkonditionierungsphase bilanziert. Eine Korrelation mit der Aufwands-Bilanzseite von Fahr- oder Klimaeffizienzindex ist somit nur für Szenarien ohne Vorkonditionierung gegeben.

Systemleistungsindex (SLI)

Auf der Darstellung der einzelnen Zieldimensionen basierend, stellt der Systemleistungsindex (SLI) einen Ansatz zu einer ganzheitlichen Systembewertung dar. Zur Bestimmung des SLI werden in einem ersten Schritt die im Vorhergehenden dargestellten Einzelindizes mit einer Wichtung w_i versehen und anschließend mit der Summe aller Wichtungen normiert. Die Festlegung der einzelnen Wichtungen kann dabei je nach Positionierung eines Fahrzeugkonzeptes unterschiedlich ausfallen, sollte jedoch innerhalb des Bewertungsprozesses für ein Fahrzeug unverändert bleiben, um eine Vergleichbarkeit der Ergebnisse zu ermöglichen.

Für die im Rahmen dieser Arbeit vorgenommenen Betrachtungen wurde die Gewichtung der einzelnen Zieldimensionen wie in Tabelle 3.5 gewählt:

Tabelle 3.5 Gewichtung der Zieldimensionen für die Systemleistungsbewertung

Zieldimension	Gewichtung
Fahrleistung	1
Fahreffizienz	1
Klimaeffizienz	1
Klimakomfort	0.8
Betriebskosten	0.4

Der Systemleistungsindex ergibt sich damit zu

$$\eta_{SL} = \frac{w_{FE} \cdot \eta_{FE} + w_{FK} \cdot \eta_{FK} + w_{KE} \cdot \eta_{KE} + w_{KK} \cdot \eta_{KK} + w_{BK} \cdot \eta_{BK}}{w_{FE} + w_{FK} + w_{KE} + w_{KK} + w_{BK}} \ . \quad (3.26)$$

Abbildung 3.9 zeigt exemplarisch die Darstellung des SLI auf Basis der einzelnen gewichteten Zieldimensionen:

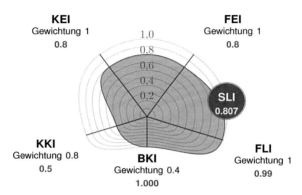

Abbildung 3.9 Systemleistungsindex (SLI) auf Basis gewichteter Zieldimensionen (Beispiel)

4 Aufbau und Validierung der Gesamtfahrzeugsimulation

Im Folgenden sollen die einzelnen, im Rahmen dieser Arbeit verwendeten Teilmodelle in Bezug auf die verwendeten Softwaretools, die Art und Detaillierung der Modellierung sowie die realisierte Modellstruktur dargestellt werden. Aufgrund der Vielzahl der einzelnen Teilmodelle werden hierbei lediglich die maßgeblichen Inhalte vorgestellt, siehe Abbildung 4.1, sowie exemplarisch die für einzelne Teilmodelle durchgeführten Validierungsumfänge aufgezeigt.

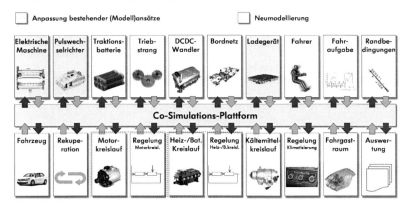

Abbildung 4.1 Struktur des gekoppelten Gesamtfahrzeugmodells

Während die weiß hinterlegten Modelle im Rahmen dieser Arbeit konzipiert, aufgebaut und validiert wurden, entstanden die grau hinterlegten Modelle im Rahmen von Kooperationsprojekten (Pluswechselrichter und Elektrische Maschine, siehe Abschnitte 4.1.1 und 4.1.2) bzw. wurden nach Vorgaben durch externe Partner modelliert und abgesichert (Ladegerät, siehe Abschnitt 4.1.6).

4.1 Komponenten und Systeme

4.1.1 Pulswechselrichter

Zur Abbildung des elektrisch-thermischen Verhaltens des Pulswechselrichters und der Elektrischen Maschine unter Berücksichtigung der Anforderungen einer Gesamtfahrzeugsimulation wurden Modelle eingesetzt, die im Rahmen eines Kooperationsprojektes zwischen dem Niedersächsischen Forschungszentrum Fahrzeugtechnik (NFF) und der Volkswagen AG entstanden sind [8].

Exemplarisch wird im Folgenden die Berechnung der Verlustleistungen der IGBTs und Dioden dargestellt. Die Grundlage bilden die Berechnungen von Strangstrom $\hat{I}$ und Leistungsfaktor $cos\varphi$, die kennfeldbasiert stationär in Abhängigkeit von der Drehzahl, dem mechanischen Sollmoment und der Spannung der Traktionsbatterie durchgeführt werden. Beide Größen gehen in die Berechung der Durchlassverluste der IGBTs und Dioden sowie der Schaltverluste ein. Erstere lassen sich nach [47] in Abhängigkeit der Flussspannung $U_F(\vartheta)$, des Bahnwiderstands $r_F(\vartheta)$ und des Modulationsgrads M analog Gleichungen 4.1 berechnen.

$$P_{v,T}(\vartheta) = \frac{U_{F,T}(\vartheta) \cdot \hat{I}}{2} \left(\frac{1}{\pi} + \frac{M}{4} \cdot cos\varphi \right) + r_{F,T}(\vartheta) \cdot (\hat{I})^2 \left(\frac{1}{8} + \frac{M}{3 \cdot \pi} \cdot cos\varphi \right) \quad (4.1a)$$

$$P_{v,D}(\vartheta) = \frac{U_{F,D}(\vartheta) \cdot \hat{I}}{2} \left(\frac{1}{\pi} - \frac{M}{4} \cdot cos\varphi \right) + r_{F,D}(\vartheta) \cdot (\hat{I})^2 \left(\frac{1}{8} - \frac{M}{3 \cdot \pi} \cdot cos\varphi \right) \quad (4.1b)$$

Für die Schaltverluste wird ein proportionaler Zusammenhang zwischen diesen und dem Strangstrom, der Schaltfrequenz f_s sowie der Zwischenkreisspannung angenommen, siehe Gleichung 4.2. Die Schaltverlustenergie $E_{v,SL}(\vartheta)$ bei Referenzeingangsspannung $U_{DC,ref}$ und -strom $\hat{I}_{ref}$ ist aus Datenblattangaben bekannt.

$$P_{v,SL} = \frac{\sqrt{2}}{\pi} \cdot f_s \cdot E_{v,SL}(\vartheta) \cdot \frac{\hat{I} \cdot U_{DC}}{\hat{I}_{ref} \cdot U_{DC,ref}} \quad (4.2)$$

Das thermische Verhalten wird mittels eines physikalischen Netzwerks (Cauer-Netzwerk) mit den Elementen Chip, DBC, Gehäuse, Kühlkörper, Fluid und Umgebung dargestellt. Eine Übertragung der thermischen Verlustleistung kann an das Kühlmedium und an die Umgebungsluft erfolgen. Die Berechnungen der Wärmewiderstände und -kapazitäten erfolgte anhand von Bauteilgeometrie- und Materialdaten oder auf Basis von Datenblattangaben (nach [27]).

Die Validierung des Modells erfolgte zusammen mit der Elektrischen Maschine und ist in Abschnitt 4.1.3 dargestellt.

4.1.2 Elektrische Maschine

Wie auch beim Pulswechselrichter erfolgte die Abbildung des elektrisch-thermischen Verhaltens der Elektrischen Maschine in Kooperation mit dem Niedersächsischen Forschungszentrum Fahrzeugtechnik (NFF).

Als Eingangsdaten für die Modellierung standen zum einen Verlustleistungskennfelder für einzelne Teilsysteme, zum anderen Geometriedaten zur Verfügung. Das im Rahmen dieser Arbeit verwendete Modell gliedert sich in drei Teilmodelle, wobei eines die Berechnung der elektrischen und mechanischen Größen, eines die Berechnung der thermischen Verluste und ein weiteres die Verteilung der thermischen Verluste innerhalb eines thermischen Netzwerks vornimmt.

Exemplarisch für die elektrisch-mechanischen Berechnungen wird an dieser Stelle der Zusammenhang zwischen dem mechanischen Moment im Luftspalt M_{Mi} und der Ströme I_d und I_q nach Gleichung 4.3 in Abhängigkeit der geometrie- bzw. material-abhängigen Größen wie Polpaarzahl Z_p und dem Hauptfluss der Permanentmagnete ψ_{PM}, den betriebspunktabhängigen Werten für die Statorinduktivitäten L sowie den geregelten Statorströmen I dargestellt [80].

$$M_{Mi} = \frac{3}{2} \cdot Z_p \cdot (\psi_{PM} \cdot I_q + (L_d - L_q) \cdot I_d \cdot I_q) \tag{4.3a}$$

$$\Leftrightarrow I_q = \frac{2 \cdot M_{Mi}}{3 \cdot Z_p} \cdot \frac{1}{\psi_{PM} + (L_d - L_q) \cdot I_d} \tag{4.3b}$$

Die Höhe der Ströme ist maßgeblich für die Höhe der Kupferverluste. Die Maschine wird so geregelt, dass ein maximales Moment pro Ampere eingestellt wird. Der Zusammenhang von I_q und I_d wird hierzu nach Gleichung 4.4 mit der Nebenbedingung für maximalen Strom,

$$min(I_{max}) = min(\sqrt{I_d^2 + I_q^2}) \tag{4.4}$$

unter Anwendung der Lagrange-Multiplikatorenregel optimiert. So werden für jedes Moment M_{Mi} die optimalen Werte von I in q- und d-Richtung ermittelt.

Das thermische Teilmodell besteht aus sechs thermischen Kapazitäten (Rotor, Wicklung, Wickelkopf, Statorjoch, Lager und Gehäuse) und vier Verlustquellen (Kupferverluste, Magnetisierungs- und Wirbelstromverluste sowie Lagerreibung), die über thermische Widerstände mit der Umgebung und dem Kühlmedium verknüpft sind. Der mit der Umgebung getauschte Wärmestrom beinhaltet die Interaktion mit die Elektrische Maschine umgebenden Luft im Motorraum, wie auch die thermische Interaktion mit dem Getriebe über Welle und Gehäuseflansch. Die transiente Berechnung der thermischen Verluste wird kennfeldbasiert in Abhängigkeit von Drehzahl,

Drehmoment und der mittleren Wickelkopftemperatur durchgeführt.

Die Elektrische Maschine und der Pulswechselrichter bilden zusammen das E-Antriebs-Modul. Die Validierung beider Komponenten ist im folgenden Abschnitt dargestellt.

4.1.3 Validierung des E-Antriebs-Moduls

Für die Validierung der Modelle des Pulswechselrichters und der Elektrischen Maschine wurden in einem ersten Schritt Messungen auf einem Komponentenprüfstand durchgeführt, in deren Rahmen die Komponenten bilanziert und hinsichtlich ihrer Verlustleistung abgesichert wurden. Ferner wurden die kühlwasser- und luftseitig mit der Umgebung ausgetauschten Wärmeströme erfasst und die thermischen Teilmodelle entsprechend kalibriert. Diese Messungen wurden durch die bauteilverantwortliche Fachabteilung bei der Volkswagen AG durchgeführt und sind nicht Bestandteil dieser Arbeit.

Der Verbau der Komponenten im Motorraum eines Fahrzeugs macht durch die abweichende thermische Anbindung an die Karosserie sowie die gegenüber Versuchen auf einem Komponentenprüfstand unterschiedliche Umströmungssituation der Komponenten im Vorderwagen eine Nachkalibrierung der Modelle erforderlich. Hierzu wurden Gesamtfahrzeugmessungen bei -7 und 35 °C unter den in Kapitel 3.3.2, Tabelle 3.4 dargestellten Randbedingungen durchgeführt. Es wurde eine Strommessung des HV-Batteriestroms sowie des Stroms über den DCDC-Wandler (HV-seitig) durchgeführt, um unter Vernachlässigung der Leitungsverluste im HV-Bordnetz über die Bilanzierung der Ströme die batterieseitige Leistung des Pulswechselrichters zu ermitteln, siehe Abbildung 4.2.

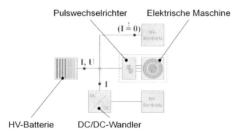

Abbildung 4.2 Messung der batterieseitigen Leistung des Pulswechselrichters (Prinzipdarstellung)

Durch Abgleich dieser Größe mit den simulierten Daten konnte in einem ersten Schritt die Lastanforderung an das E-Antriebs-Modul validiert werden.

Ferner wurde der Motorkreislauf mit jeweils mehreren Temperatursensoren (PT100) im Vor- und Nachlauf von Pulswechselrichter und Elektrischer Maschine ausgerüstet.

In Verbindung mit einer Volumenstrommessung und Befüllung des Motorkreislaufs mit einem definierten Wasser-Glykol-Gemisch wird so eine Bilanzierung der an den Kreislauf übertragenen Wärmeströme ermöglicht. Eine Absicherung der transienten, an den Motorkreislauf übertragenen Wärmeströme ist vor allem für die Bewertung des optimierten Gesamtsystems (siehe Kapitel 6) von großer Bedeutung und stellt daher die maßgebliche Größe bei der Modellvalidierung dar.

Die Auswertung von Messung und Simulation erfolgte für den 1. bis 3. NEFZ sowie nur für den 4. NEFZ, um sowohl das transiente Aufwärmungs- wie auch das stationäre Verhalten bewerten zu können. In Abbildung 4.3 (Mitte) sind exemplarisch die an den Motorkreislauf übertragenen Wärmeströme für den -7 °C-Lastfall dargestellt. Bei der Leistungselektronik stellt sich in der Simulation eine gegenüber der Messung deutlich erhöhte Dynamik des übertragenene Wärmestroms ein. Dennoch liegen die Abweichungen zwischen mittlerem simulierten und gemessenem Wärmestrom im Maximum bei ca. 4 %.

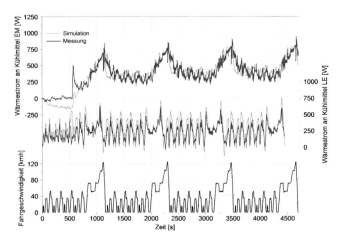

Abbildung 4.3 Validierung von Pulswechselrichter und Elektrischer Maschine – an den Motorkreislauf übertragene Wärmeströme bei -7 °C

Auch bei der Elektrischen Maschine liegen die Abweichungen zwischen mittlerem simulierten und gemessenem Wärmestrom im 1. bis 3. NEFZ (transient) sowie 4. NEFZ (stationär) im Maximum bei ca. 4 %. Wie in Abbildung 4.3 (oben) ersichtlich, ergeben sich im 1. NEFZ zwei Abweichungen. Zum einen wird in der Messung zu Beginn nur ein geringer Wärmestrom an bzw. vom Motorkreislauf übertragen, während sich in der Simulation ein Wärmestrom vom Fluid an die Elektrische Maschine einstellt. Ursächlich hierfür ist, dass das von der Leistungselektronik aufgeheizte Fluid auf den noch kälteren Stator der Elektrischen Maschine trifft und diesen aufheizt. Dass sich dieses Verhalten in der Messung nicht zeigt, kann in einer ungünstigen

73

Platzierung der Temperatursensoren begründet sein, die bei geschlossenem Bypass des Hauptwasserkühlers[1] in einem Totwassergebiet liegen; ein Nachweis konnte aufgrund mangelnder Verfügbarkeiten von Prüfstand und Prüfling im Rahmen dieser Arbeit nicht erfolgen. Zum zweiten tritt in der Messung nach ca. 550 s ein Wärmestrompeak auf, der in der Simulation zum gleichen Zeitpunkt, jedoch weniger stark ausgeprägt, auftritt. Dieser Peak ist auf ein Schließen des Kühlerbypassventils zurückzuführen, infolgedessen kaltes, zuvor im Kühler stehendes Wasser auf die bereits aufgeheizten Komponenten trifft und dort ein entsprechend großer Wärmestrom an das Kühlwasser übertragen werden kann. Auf den mittleren Wärmestrom im 1. NEFZ ergibt sich – auch da sich beide Effekte teilweise kompensieren – jedoch kein signifikanter Einfluss.

4.1.4 Traktionsbatterie

Bei der Abbildung des Verhaltens der Traktionsbatterie für das betrachtete Referenzfahrzeug wurde das Batteriemodell in ein elektrisches und ein thermisches Teilmodell aufgeteilt, siehe Abbildung 4.4.

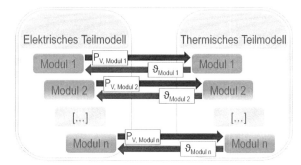

Abbildung 4.4 Modellstruktur Traktionsbatterie

Für das elektrische Teilmodell wurde das elektrische Verhalten einer einzelnen Zelle abgebildet, auf deren Basis anschließend entsprechend der Verschaltung im Fahrzeug (Anzahl Zellen in Reihe / parallel) eine Skalierung vorgenommen wurde. Hierbei wurde für die transiente Abbildung der Klemmenspannung einer Einzelzelle ein Ansatz mit einem Widerstand und zwei in Reihe geschalteten RC-Gliedern gewählt, um sowohl den Ohmschen Spannungsabfall, den Einfluss von Ladungsdurchtritt und Doppelschichtkapazität wie auch die Diffusionsvorgänge abbilden zu können [59], siehe auch Abschnitt 2.2.1, Abbildung 2.9. Die verwendeten Werte für Widerstände und Kapazitäten wurden mittels elektrochemischer Impedanzspektroskopie in Abhängigkeit von Zelltemperatur und -ladezustand identifiziert und implementiert.

---

[1]Für den -7 °C-Lastfall wird der Hauptwasserkühler zu Beginn der Messung nicht durchströmt.

Die Validierung des elektrischen Teilmodells in Bezug auf Verlustleistung und Ladezustand erfolgte über alle im Rahmen dieser Arbeit betrachteten klimatischen Randbedingungen. In Abbildung 4.5 ist exemplarisch der Verlauf des Ladezustands der Traktionsbatterie (links) sowie der Batterieverlustleistung über vier NEFZ bei einer Umgebungstemperatur von 7 °C dargestellt. Die Verlustleistung der Messung wurde hierbei über das Produkt aus Spannungsabfall ΔU_{Bat} und Batteriestrom I_{Bat} ermittelt.

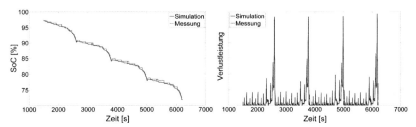

(a) Verlauf Ladezustand (SoC) Traktionsbatterie   (b) Verlauf Verlustleistung Traktionsbatterie (Qualitative Darstellung)

Abbildung 4.5 Modellvalidierung elektrisches Teilmodell Traktionsbatterie (Beispiel NEFZ, Umgebungstemperatur 7 °C)

Für den Ladezustand konnte über die vier Fahrzyklen eine mittlere Abweichung von kleiner 0,1 Prozentpunkten sowie für die Verlustleistung eine mittlere Abweichung kleiner 3 % erreicht werden.

Für das thermische Teilmodell der Traktionsbatterie wurde eine Diskretisierung auf Modulebene gewählt. Ein Modul umfasst hierbei eine definierte Anzahl Zellen, deren Böden über eine fluiddurchströmte Kühlplatte thermodynamisch an den Heiz-/Batteriekreislauf des Fahrzeugs gekoppelt sind. Die Peripherie der Module, mit der durch Wärmedurchgangsvorgänge (siehe Abschnitt 2.1.4) ein thermodynamischer Austausch stattfindet, bilden dabei zum einen der Batterietrog und zum anderen benachbarte Module. Der Batterietrog seinerseits steht mit der Fahrzeugumgebung (Umgebungstemperatur, Strömungsgeschwindigkeit der Luft im Bereich des Unterbodens) sowie dem Fahrgastraum in thermischem Austausch. Die Temperaturänderung der einzelnen Module ergibt sich aus der Summe der mit Kühlsystem, benachbarten Modulen und Batterietrog getauschten Wärmeströme sowie der Verlustleistung der Batteriezellen innerhalb eines Moduls, siehe Gleichung 4.5,

$$\frac{d\vartheta_{Modul\,i}}{dt} = \frac{1}{m_{Modul\,i} \cdot \bar{c}_{p,\,Modul\,i}} \cdot \left[P_{v,\,Modul\,i} - \sum_{j=1}^{n} \dot{Q}_{i \to j} - \dot{Q}_{i \to BC} - \dot{Q}_{i \to CS} \right] \quad (4.5)$$

mit

$\dot{Q}_{i \to j}$ Wärmestrom von Modul i an Modul j

$\dot{Q}_{i \to BC}$ Wärmestrom von Modul i an Batterietrog

$\dot{Q}_{i \to CS}$ Wärmestrom von Modul i an Kühlsystem

sowie der Modulmasse $m_{Modul\,i}$ und der mittleren spezifischen Wärmekapazität des Moduls $\bar{c}_{p,\,Modul\,i}$.

Die bidirektionale Verknüpfung der beiden Teilmodelle ist über die Größen Verlustleistung $P_{V,\,Modul\,i}$ und Temperatur $\vartheta_{Modul\,i}$ auf Modulebene gegeben, siehe Abbildung 4.4.

4.1.5 Getriebe / Differential / Antriebswellen

Das im Rahmen dieser Arbeit betrachtete Referenzfahrzeug besitzt eine vergleichsweise einfache Triebstrangtopologie, siehe auch Kapitel 2.2.1. Eine Getriebe-Differentialeinheit ist hierbei in axialer Richtung an der Elektrischen Maschine angeflanscht; die Übertragung der Antriebs- bzw. Rekuperationsleistung erfolgt über zwei Antriebswellen an die Vorderräder des Fahrzeugs. Die Abbildung der mechanischen Zusammenhänge beschränkt sich daher auf die Vorgabe einer konstanten Übersetzung für die Drehzahl- bzw. Drehmomentwandlung und die Darstellung der im transienten Betrieb auftretenden Trägheitskräfte von Getriebe- und Antriebswellen.

Die im Antriebsstrang durch die mechanische Wandlung auftretenden Verlustleistungen sind in erster Näherung von der Getriebedrehzahl und dem Getriebeeingangsmoment sowie den Temperaturen von Getriebeöl und -lagerung abhängig. Die Modellierung wurde kennfeldbasiert umgesetzt.

Die thermische Kopplung mit der Elektrischen Maschine über Getriebeflansch und Rotorwelle sowie die Temperaturabhängigkeit der Verluste machen die Abbildung des thermischen Verhaltens erforderlich. Es wurde ein Drei-Massen-Modell (1. Wellen und Zahnräder sowie Lagerung, 2. Gehäuse und 3. Getriebeöl) aufgebaut, welches das thermische Verhalten der Getriebe-Differentialeinheit grundsätzlich abbildet. Eine Kühlung des Getriebes findet im Wesentlichen durch konvektive Wärmeübertragung an die Luft im Motorraum bzw. konduktive Wärmeübertragung mit der Elektrischen Maschine statt; eine Wärmeübertragung an einen Fluidkreislauf ist systembedingt nicht möglich.

4.1.6 Ladegerät

Im Rahmen dieser Arbeit wurde ein durch das Institut für Fahrzeugsysteme und Grundlagen der Elektrotechnik der Universität Kassel erstelltes Modell genutzt.

Das Modell führt für verschiedene Eingangsspannungsniveaus und Lasten eine komponenten- bzw. baugruppenselektive Berechnung der Verluste während des Ladevorgangs durch. Über ein thermisches Netzwerk werden so die Verteilung der Wärmeströme innerhalb des Bauteils, die Wärmeströme an die das Bauteil umgebende Luft sowie das Kühlmedium berechnet.

Da die Validierung für einen aktiven Zustand des Ladegerätes (während eines Ladevorgangs) zum Zeitpunkt der Fertigstellung dieser Arbeit noch nicht abgeschlossen war, erfolgte nur ein passiver Einsatz als thermische Senke bzw. Speicher im Motorkreislauf. Die notwendige Validierung wurde analog zum in Kapitel 4.1.1 für Leistungselektronik und Elektrischer Maschine vorgestellten Vorgehen durchgeführt.

4.1.7 Niedervolt-Bordnetz und DCDC-Wandler

Durch die Verbraucher des Niedervolt-Bordnetzes wird ein zusätzlicher Energiebedarf hervorgerufen, der in der Gesamtenergiebilanz des Fahrzeuges berücksichtigt werden muss. Die Verbraucher im Niedervolt-Bordnetz sind hierbei als reine elektrische Lasten modelliert, die in Abhängigkeit des Betriebsszenarios, siehe Abschnitt 3.3.2, aktiviert bzw. deaktiviert sind. Die Validierung der Lasten aller Verbraucher erfolgte anhand von Strommessungen im Gesamtfahrzeug.

Es lässt sich zwischen Verbrauchern unterscheiden, deren Stromaufnahme über den Zyklus veränderbar ist ($I = f(t)$), wie zum Beispiel von

- Heckscheibenheizung,
- Kühlerlüfter und
- Gebläse Heiz-Klima-Gerät

und Verbrauchern, die näherungsweise konstant angenommen werden können ($I = konstant$), wie

- Grundlast[2],
- Abblendlicht und
- Radio-Navigations-System (RNS).

Die elektrische Leistung der einzelnen Verbraucher ergibt sich aus dem Produkt der jeweiligen Ströme einzelner Verbraucher und der Spannung des Niedervolt-Bordnetzes. Letztere wird – gestützt durch Prüfstandsmessungen – konstant angenommen. Die ohmschen bzw. thermischen Verluste über Kabel und Stecker des Bordnetzes wurden im Rahmen dieser Betrachtungen vernachlässigt. Die Bedatung der einzelnen Verbraucher erfolgte auf Basis von Prüfstandsmessungen am Zielfahrzeug, bei denen einzelne Verbraucher isoliert angesteuert wurden.

---

[2]Die Grundlast beinhaltet unter anderem die Last der zum Betrieb des Fahrzeugs notwendigen Steuergeräte und stellt die minimale Last des Niedervolt-Bordnetzes im Fahrbetrieb dar.

Die Spannung des Niedervolt-Bordnetzes wird über einen DCDC-Wandler eingestellt und geregelt. Die Modellierung des DCDC-Wandlers wurde auf Basis von Daten einer Bauteilvermessung am Komponentenprüfstand durchgeführt. Das Systemverhalten wurde als Wirkungsgradkennfeld über mittlerer Bauteiltemperatur und
niedervoltseitigem Strom dargestellt. Durch Abbildung eines Temperaturspektrums
(Vorlauftemperatur Kühlmittel) von kleiner - 20 °C bis größer 65 °C und eines nieder-
voltseitigen Stroms von kleiner 5 A bis größer 200 A kann eine belastbare Prognose
der Verlustleistung des DCDC-Wandlers für alle im Rahmen dieser Arbeit relevanten
Lastfälle erfolgen.

Die 12 V-Batterie im Niedervolt-Bordnetz wurde nicht modelliert. Die geringen
Lade- und Entladeverluste sind im Rahmen der Gesamtenergiebilanz des Fahrzeugs
vernachlässigbar.

4.1.8 Fahrgastraum

Für die Abschätzung des thermischen Verhaltens von Fahrzeugkabinen gibt es eine Reihe unterschiedlicher Modellansätze, die sich hinsichtlich der berücksichtigten
physikalischen Phänomene (Wärmedurchgang, Strahlung), der Granularität ihrer
Aussagen und ihrer Komplexität stark unterscheiden, siehe Abbildung 4.6. Entscheidend für die Wahl des Modellansatzes ist der Anwendungszweck. So werden
für rein energetische Betrachtungen Ansätze mit konzentrierten Parametern (Kapazitäten) eingesetzt, wie zum Beispiel in [7], während für Komfortbetrachtungen
komplexe Ansätze unter Berücksichtigung der Kabinengeometrie sowie örtlich auf-
gelöster Strömungsverhältnisse eingesetzt werden [5].

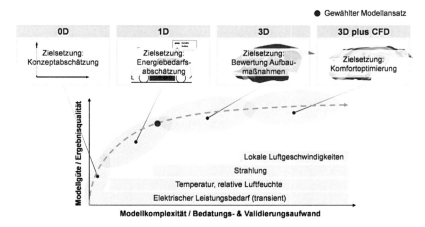

Abbildung 4.6 Ansätze für die Modellierung von Fahrgasträumen

Generell lassen sich 0D, 1D und 3D-Ansätzen, bezogen auf die Abbildung der Geometrie der Fahrzeugkabine, unterscheiden. Bei der Wahl des Modellansatzes ist zu berücksichtigen, dass mit steigender Diskretisierung der Kabine die Notwendigkeit einer genaueren Kenntnis der thermischen Eigenschaften[3] der einzelnen Elemente wie auch der thermischen Verknüpfung der einzelnen Elemente ansteigt. Diese Parameter liegen in der Regel nicht für alle im Fahrgastraum eingesetzten Materialverbünde vollständig vor; ferner wachsen mit steigender Diskretisierung die Aufwände für Bedatung, Validierung und Rechenzeit.

Bei der Diskretisierung der Luft im Fahrgastraum wird in der Regel zwischen Einzonen-, Mehrzonen,- und CFD-basierten Ansätzen unterschieden. Für energetische Betrachtungen ist nach [5] die Abbildung des Innenraumvolumens als eine Zone ausreichend, zumal bei Mehrzonenmodellen die Abstimmung der Luftaustauschraten zwischen den einzelnen Luftzonen für sämtliche Lufteintrittsbedingungen in den Fahrgastraum aufwändig ist. Für alle Ansätze zur Abbildung des Zustands der Innenraumluft ist die Abbildung/Bilanzierung der Luftfeuchte im Bereich der Umluftansaugung von großer Bedeutung, da der Luftzustand in hohem Maße die erforderliche sensible und latente Leistung des Verdampfers, siehe auch Abschnitt 3.3.4, beeinflusst.

Im Rahmen dieser Arbeit wurde das thermische Verhalten des Fahrgastraums mittels eines 5-Massen-Ansatzes (jeweils zwei Interieur- bzw. Wandungsmassen sowie ein Luftknoten) modelliert, siehe Abbildung 4.7. Im Gegensatz zu 3-Massen-Ansätzen, wie zum Beispiel in [7] beschrieben, wurden die Interieur- bzw. Wandungsmasse in jeweils zwei miteinander konduktiv Wärme tauschende Massen unterteilt, um die Dynamik der Lufttemperaturänderungen bei Beginn einer aktiven Konditionierungsphase wie auch das Temperaturverhalten über die Dauer einer Fahraufgabe abbilden zu können.

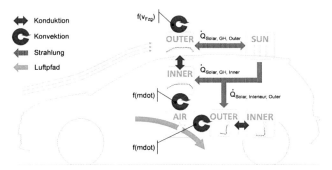

Abbildung 4.7 Modellansatz Fahrgastraum

Die konvektiven Wärmeübergänge zur Umgebung bzw. zur Luft im Fahrgastraum wurden in Abhängigkeit von Fahrgeschwindigkeit bzw. Luftmassenstrom modelliert.

---

[3]Wärmekapazität, Wärmeleitfähigkeit, Reflexions-, Absorptions- und Transmissionskoeffizient

Für die Sommerlastfälle wurde darüber hinaus die spezifische solare Einstrahlung lediglich vereinfacht berücksichtigt. Es wurde angenommen, dass der gesamte auf das Fahrzeug treffende Wärmestrom sich aus dem Produkt von spezifischer solarer Einstrahlung $\dot{q}_{Solar}$ und in der Richtung der Fahrzeughochachse parallelprojizierter Greenhouse[4]-Fläche A_{GH} ergibt. Es wird hierbei eine Strahlungsrichtung parallel zur Fahrzeughochachse, wie es beispielsweise bei Versuchen in einer Klimakammer näherungsweise der Fall ist, angenommen. Unter Berücksichtigung des Flächenanteils der Verscheibung $\kappa_w \cdot A_{GH}$ und der Absorptionskoeffizienten von Fahrzeuglack $\alpha_{\lambda, LK}$ und Scheiben $\alpha_{\lambda, SN}$ ergibt sich der vom äußeren Greenhouse absorbierte Wärmestrom zu

$$\dot{Q}_{Solar, GH, Outer, zu} = (\alpha_{\lambda, LK} \cdot (1 - \kappa_w) + \alpha_{\lambda, SN} \cdot \kappa_w) \cdot A_{GH} \cdot \dot{q}_{Solar} \,. \tag{4.6}$$

Gleichzeitig kommt es durch die Differenz zwischen der Temperatur der Fahrzeughülle Θ_{GH} und der Strahlungshintergrundtemperatur Θ_{RAD} zu einem Wärmestrom vom Greenhouse an die Umgebung,

$$\dot{Q}_{Solar, GH, Outer, ab} = (\alpha_{\lambda, LK} \cdot (1 - \kappa_w) + \alpha_{\lambda, SN} \cdot \kappa_w) \cdot \sigma \cdot A_{GH} \cdot \left(\Theta_{GH}^4 - \Theta_{RAD}^4 \right) \,. \tag{4.7}$$

Der in den Innenraum durch die Verscheibung mit dem Transmissionsgrad $\gamma_{\lambda, SN}$ eingetragene Wärmestrom verteilt sich mit dem Anteil κ_i auf die äußere Interieurmasse,

$$\dot{Q}_{Solar, Interieur, Outer} = \kappa_i \cdot \gamma_{\lambda, SN} \cdot \kappa_w \cdot A_{GH} \cdot \dot{q}_{Solar} \tag{4.8}$$

und mit dem verbleibenden Anteil $(1 - \kappa_i)$ auf die Innenseite des Greenhouses,

$$\dot{Q}_{Solar, GH, Inner} = (1 - \kappa_i) \cdot \gamma_{\lambda, SN} \cdot \kappa_w \cdot A_{GH} \cdot \dot{q}_{Solar} \,, \tag{4.9}$$

wobei in beiden Fällen eine vollständige Absorption der Energie angenommen wird.

Grundlage der Abstimmung des Fahrgastraummodells bildeten vier Gesamtfahrzeugmessungen bei - 20 °C, - 7 °C und 7 °C (Winterlastfälle) sowie 35 °C (Sommerlastfall), siehe Abbildung 4.8, wobei der Auftretenshäufigkeit der Lastfälle vor Kunde durch eine angepasste Gewichtung der einzelnen Fälle Rechnung getragen wurde (siehe auch Kapitel 3.3.2).

Die Abstimmung des Modells erfolgte auf den transienten Verlauf der gemessenen mittleren Fußraumtemperatur, um die Eintrittsbedingungen in das Heiz-/Klimagerät im Umluftfall korrekt abbilden zu können. Unter Verwendung des Downhill-Simplex-Verfahrens nach Nelder und Mead, siehe Kapitel 3.2.2, wurden in einem ersten Schritt die vier thermischen Massen (ohne den Luftknoten) sowie die konduk-

---

[4]Das Greenhouse umfasst A-, B- und C-Säulen, Verscheibung und Dach.

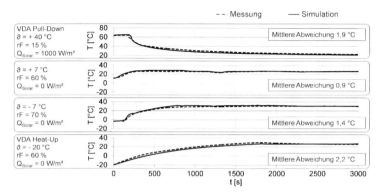

Abbildung 4.8 Kalibrierung Fahrgastraummodell auf mittlere Fußraumtemperatur

tiven Wärmeübergänge unter Verwendung der Winterlastfälle optimiert, wobei die Optimierung mit unterschiedlichen Anfangssimplizia durchgeführt wurde. In einem zweiten Schritt erfolgte mittels des Sommerlastfalls die Optimierung der parallel-projizierten Greenhousefläche A_{GH}[5].

Es zeigte sich, dass die mittlere Fußraumtemperatur unter Verwendung des 5-Massen-Ansatzes mit einer mittleren Abweichung von weniger als 2,5 K abgebildet werden kann.

4.2 Fluidkreisläufe

Bei dem im Rahmen dieser Arbeit betrachteten Referenzfahrzeug sind insgesamt drei Kreisläufe für den Transport von Wärme im System verantwortlich (vgl. auch Abschnitt 2.2.1, Abbildung 2.7):

- der Motorkreislauf zum Kühlen des Pulswechselrichters, des Ladegerätes und der Elektrischen Maschine
- der Heiz-/Batteriekreislauf zum Beheizen des Fahrgastraums und Konditionieren der HV-Batterie
- der Kältemittelkreislauf zum Kühlen des Fahrgastraums und der HV-Batterie (mittelbar)

---

[5]Über den Abgleich mit der realen parallelprojizierten Greenhousefläche des Fahrzeugs kann eine Absicherung / Plausibilisierung des Ergebnisses der Optimierung vorgenommen werden.

4.2.1 Motorkreislauf und Kühlluftpfad

Über den Motorkreislauf wird die Kühlung des Pulswechselrichters, des Onboard-Ladegerätes sowie der Elektrischen Maschine mittels eines Kühlmittel-Luft-Wärme-übertragers – im Folgenden als Hauptwasserkühler bezeichnet – sichergestellt, siehe Abbildung 4.9 (links).

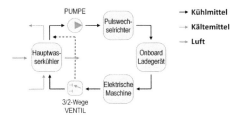

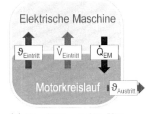

(a) Kreislauftopologie Motorkreislauf

(b) Kopplung zwischen Komponenten und Kreislauf

Abbildung 4.9 Motorkreislauf

Die systemischen Grenzen in der Modellierung wurden so gewählt, dass auf Basis von Kühlmitteltemperatur und -volumenstrom die Berechnung des mit dem Kreislauf getauschten Wärmestroms vom Modell der jeweiligen Komponente vorgenommen wird. Dieser Wärmestrom wird an den Kreislauf übergeben und hat eine Erhöhung oder Verringerung der Fluidtemperatur zur Folge (siehe Abbildung 4.9 (rechts)). Bei dieser Vorgehensweise ist zu beachten, dass innerhalb der Komponentenmodelle wie im Fluidkreislauf gleiche Stoffdaten Anwendung finden.

Als Modellierungsumgebung wurde die Software KULI® 8 der Engineering Center Steyr GmbH & Co KG genutzt. Die Bedatung der einzelnen Komponenten des Motorkreislaufs – wie Hauptwasserkühler, Fluidpumpe, 3/2-Wege-Ventil – wie auch der Druckverluste im Kreislauf erfolgte auf Basis von Prüfstandsmessungen. Für die Komponente „Wasserkühler" ist beispielsweise neben Geometriedaten eine Vermessung der inneren und äußeren Durchströmung bezüglich Temperatur[6] und Druckverlust erforderlich. Für eine weitergehende Darstellung des Vorgehens bei der Modellierung von transienten Fluidkreisläufen wird auf zahlreiche Vorarbeiten verwiesen, zum Beispiel bei [68], [51].

Neben dem Fluidkreislauf ist der Luftpfad im Frontend des Fahrzeugs über Hauptwasserkühler, Kältemittelkondensator[7] und Motorraumdurchströmung dargestellt. Hierzu sind nach [51]

---

[6]bzw. Temperaturdifferenz zwischen Fluidein- und -austritt

[7]Analog zur Kopplung im Fluidkreislauf werden vom Modell des Luftpfads Eintritts-Luftmassenstrom und -temperatur als Ausgangsparameter an den Kältemittelkreislauf übergeben und ein Wärmestrom an die Kühlluft als Eingangsparameter erhalten.

- der Eintrittswiderstand durch Ziergitter etc.,

- der Einbauwiderstand durch die Komponenten im Motorraum des Fahrzeugs,

- der luftseitige Druckverlust über Hauptwasserkühler und Kältemittelkondensator und

- der Druckverlust durch die verbauten Kühlerlüfter über den gesamten Betriebsbereich

zu ermitteln und auf dieser Basis der Luftpfad entsprechend zu bedaten.

Kriterien bei der Validierung des Motorkreislaufes waren die Abbildung des Volumenstroms über den gesamten relevanten Last- und Temperaturbereich sowie die Abbildung eines plausiblen Temperaturniveaus, um die treibenden Temperaturdifferenzen zwischen den einzelnen im Kreislauf verorteten Komponenten korrekt abzubilden. Für die Regelung des Volumenstroms wurde eine multikriterielle Regelung aufgebaut, mit der auch die dynamischen Änderungen mit einer guten Prognosegüte abgebildet werden konnten.

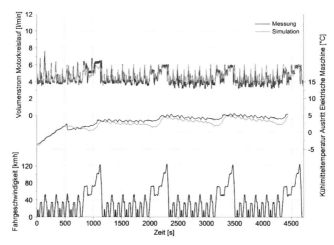

Abbildung 4.10 Validierung Motorkreislauf – Fluid-Volumenstrom und Fluidtemperatur im Rücklauf der Elektrischen Maschine bei -7 °C

In Abbildung 4.10 sind der Volumenstrom sowie die Rücklauftemperatur der Elektrischen Maschine exemplarisch für den -7 °C-Fall abgebildet. Hinsichtlich des dargestellten Temperaturniveaus zeigte sich, dass die Dynamik des Aufheizverhaltens bei geöffnetem Bypass des Hauptwasserkühlers (0 - 500 s) gut abgebildet wird. Bei durchströmtem Hauptwasserkühler zeigte sich insbesondere bei höheren Fahrgeschwindigkeiten ein gegenüber der Messung bis zu 2 K geringeres Fluidtemperaturniveau im Motorkreis; ein Temperaturdrift findet jedoch nicht statt.

4.2.2 Heiz-/Batteriekreislauf

Unter Verwendung des so genannten Heiz-/Batteriekreislaufs werden für das betrachtete Referenzfahrzeug die Funktionen „Heizen/Kühlen" für den Fahrgastraum
und die Traktionsbatterie dargestellt. Teil des Kreislaufs sind, neben einer Pumpe
zur Umwälzung des Fluides, ein Heiz-/Klimagerät, ein 3/2-Wege-Ventil, ein Chiller
sowie ein Batterie-Wärmeübertrager. Die Anordnung der Komponenten innerhalb
des Kreislaufs zeigt Abbildung 4.11. Es wird deutlich, dass über das Heiz-/Klimage-
rät sowie über den Chiller durch zwei Komponenten eine Kopplung zum Kältemittelkreislauf besteht.

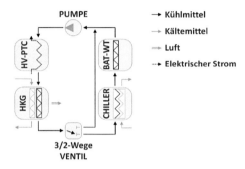

Abbildung 4.11 Kreislauftopologie des Heiz-/Batteriekreislaufs

Grundlage für die Modellierung bilden die Softwarepakete TIL Suite® bzw. TIL Media Suite® der TLK Thermo GmbH zur Modellierung thermodynamischer Systeme
auf Basis der objektorientierten Programmiersprache Modelica, die fahrzeugspezi-
fisch angepasst und zum Teil erweitert wurden. Bezüglich des überwiegenden Teils
der eingesetzten Komponenten und Fluide wird auf die Arbeit von Richter [72] verwiesen.

Für die Abbildung des Verhaltens des Hochvolt-PTCs wurden die oben genannten
Standardbibliotheken erweitert. Hierbei wurde, unter Verwendung zum einen von bestehenden Teilumfängen wie Fluidkonnektoren und -rohren, zum anderen von Teilen
der Modelica-Standardbibliothek, ein Bauteilverhalten abgebildet, das den transienten Verlauf des an das Kühlmittel übertragenen Wärmestroms in Abhängigkeit
der momentanen Hochvolt-Spannung, der Kühlmitteltemperatur und des Kühlmit-
telvolumenstroms abbildet. Die elektrische Leistungsaufnahme des Hochvolt-PTC-
Modells kann durch eine pulsweitenmodellierte Ansteuerung reguliert werden.

Neben einer Abbildung des Verhaltens der einzelnen Bauteile kommt für Gesamt-
fahrzeugsimulationen auf der Fluidseite einer korrekten thermophysikalischen Modellierung der Stoffdaten und der Darstellung eines realistischen Instationärverhal-
tens über die strömende Fluidmenge der Abbildung der Druckverluste im Kreislauf

große Bedeutung zu. Erst durch eine realistische Darstellung des Druckverlustverhaltens über den gesamten Betriebsbereich kann, zum Beispiel bei Ansteuerung der Fluidpumpe, eine realistische Systemantwort in Form eines sich einstellenden Volumenstroms wie auch einer elektrischen Pumpenleistung erhalten werden.

Während für die einzelnen Komponenten die Druckverluste in Abhängigkeit von Kühlmittelvolumenstrom und -temperatur häufig in Prüfstandsmessungen ermittelt werden, liegen für die Verschlauchung insbesondere in der frühen Projektphase nur wenig Informationen bezüglich des Druckverlustverhaltens vor. Daher wurde eine Methodik entwickelt, die ausschließlich auf Basis der Geometriedaten der Verschlauchung eine Prognose der Druckverluste für die Verschlauchung ermöglicht. Hierbei wurde die Verschlauchung abschnittsweise in Grundelemente (gerade Rohrstücke, Krümmer, Verzweigungen etc.) zerlegt, für die auf Basis empirischer Daten (zum Beispiel nach [40]) die Widerstandszahl ζ ermittelt wurde. Der Zusammenhang zwischen Druckverlust Δp und Widerstandszahl ζ ist dabei über folgende Gleichung definiert [95]:

$$\Delta p = \zeta \cdot \rho \cdot \frac{v^2}{2} = \zeta \cdot \rho \cdot \frac{\dot{V}^2}{2 \cdot A_{hyd}^{\,2}} \qquad (4.10)$$

Die Widerstandszahl ζ ist nach [40] abhängig vom Strömungszustand, der (relativen) Wandrauigkeit der Verschlauchung sowie bei Umlenkungen zusätzlich vom Umlenkungswinkel und vom Verhältnis des Umlenkungsradius zum Innendurchmesser der Verschlauchung.

Die mit dieser Methodik abgeschätzten Druckverluste der Verschlauchung konnten anhand von Prüfstandsversuchen integral validiert werden, siehe Abbildung 4.12. Es wird deutlich, dass der Druckverlust der Verschlauchung mit ca. 15 % Anteil am gesamten Druckverlust relativ gering gegenüber dem Druckverlust der Komponenten ist. Eine ungenaue Approximation hat dennoch eine spürbare Abweichung des geförderten Volumenstroms zur Folge.

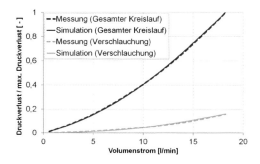

Abbildung 4.12 Validierung Druckverluste

4.2.3 Kältemittelkreislauf

Analog zum Heiz-/Batteriekreislauf basiert die Modellierung des Kältemittelkreislaufs auf der Software TIL Suite® bzw. TIL Media Suite® der TLK Thermo GmbH und den Arbeiten von Richter [72]. Es konnte bereits auf einen für konventionelle Fahrzeuge implementierten Kreislauf zurückgegriffen werden, der um einen Kältemittel-Kühlmittel-Wärmeübertrager (Chiller) erweitert und bezüglich der verbauten Komponenten an das betrachtete Referenzfahrzeug angepasst wurde, siehe Abbildung 4.13.

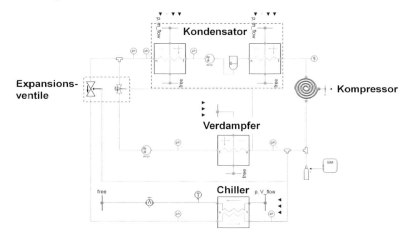

Abbildung 4.13 Modell Kältemittelkreislauf

Die Wärmeübergänge innerhalb der Wärmeübertrager wurden auf Basis geometrieabhängiger Korrelationen modelliert und anschließend durch Messungen an Komponentenprüfständen validiert. Exemplarisch für die grundsätzliche Vorgehensweise ist in Anhang B.2 das Vorgehen zur Berechnung des Colburn-Faktors für die Berechnung des Wärmeübergangs in Verdampfern auf Basis bauteilspezifischer Geometriedaten dargestellt.

4.3 Gesamtfahrzeug

4.3.1 Fahrwiderstandsdefinierende Parameter

Die den Fahrwiderstand definierenden Fahrzeugparameter – wie zum Beispiel Fahrzeugmasse, Roll- bzw. Luftwiderstandsbeiwert und Querspantfläche – finden in das

Fahrzeugmodell Eingang. Durch das Fahrzeugmodell wird das Fahrzeugverhalten in Form eines Längsdynamikmodells abgebildet. Querdynamischer Aspekte und die Vertikaldynamik des Fahrzeugs bleiben wegen der Fokussierung auf die Energieflüsse im Fahrzeug unberücksichtigt. Im Folgenden sind die den Fahrwiderstand beschreibenden Kräfte dargestellt [98].

Die Rollwiderstandskraft des Fahrzeuges ergibt sich aus dem Produkt von geschwindigkeitsabhängigem Rollwiderstandsbeiwert f_r, realer Fahrzeugmasse m_{Fzg}, der Gravitationsbeschleunigung g und der Fahrbahnsteigung α_{St} in Prozent zu

$$F_r = f_r(v_{ist}) \cdot m_{Fzg} \cdot g \cdot cos\left[atan\left(\frac{\alpha_{St}}{100}\right)\right] . \qquad (4.11)$$

Die für den Luftwiderstand des Fahrzeugs relevanten Parameter sind der Luftwiderstandsbeiwert c_w sowie die Querspantfläche[8] A_{QS} [38]. Durch die umgebungsdruck- und -temperaturabhängige Dichte der Luft ergibt sich ein Einfluss der Umgebungszustände auf den Luftwiderstand. Die Luftwiderstandskraft ergibt sich nach Gleichung 4.12 zu

$$F_{LW} = \frac{\rho_L(p, \vartheta)}{2} \cdot c_w \cdot A_{QS} \cdot v_{ist}{}^2 . \qquad (4.12)$$

Bei der Berechnung von Steigungs- und Beschleunigungswiderstand ist, hinsichtlich der relevanten Fahrzeugmasse, zwischen Realfahrten und Messungen auf einem Rollenprüfstand zu unterscheiden. Während bei Realfahrten die reale Fahrzeugmasse wirksam ist, findet bei Rollenprüfstandsmessungen eine Berücksichtigung der Fahrzeugmasse durch Schwungmassen statt. Diese werden nicht linear, sondern im Rahmen der europäischen Gesetzgebung in Klassen von ca. 115 kg erhöht [38]. In den USA finden abweichende Schwungmassenklassen Anwendung.

Damit ergibt sich unter Verwendung der Fahrbahnsteigung α_{St} in Prozent die Steigungwiderstandskraft zu

$$F_{St} = m_{nach\,SMK} \cdot g \cdot sin\left[atan\left(\frac{\alpha_{St}}{100}\right)\right] \qquad (4.13)$$

und die Beschleunigungswiderstandskraft zu

$$F_a = m_{nach\,SMK} \cdot a . \qquad (4.14)$$

Die Regelung des Längsdynamikverhaltens des Fahrzeugs erfolgt in Form einer Vorwärtssimulation (vgl. zum Beispiel in [35]) durch einen Fahrregler, der die Abweichung zwischen der Soll- und der Istgeschwindigkeit des Fahrzeugs minimiert. Die Stellgröße des Reglers ist ein Fahrerwunschmoment, welches durch das Fahrzeug innerhalb seiner momentanen systemischen Grenzen und unter Berücksichtigung der

---

[8]auch als Fahrzeugstirnfläche, die in Fahrzeuglängsrichtung projizierte Fahrzeugfläche, bezeichnet

Betriebsstrategie, vgl. auch Abschnitte 4.3.2 und 4.3.3, eingestellt wird.

In Abbildung 4.14 ist der grundsätzliche Aufbau des Fahrzeugmodells dargestellt. Die Beschleunigungswiderstandskraft, als Summe der weiteren Fahrwiderstandskräfte sowie der Zugkraft am Rad, bildet die Basis für die Berechnung der momentanen Beschleunigung a des Fahrzeugs. Durch Integration lassen sich dann auf Basis der Beschleunigung die momentane Geschwindigkeit sowie der zurückgelegte Weg bestimmen.

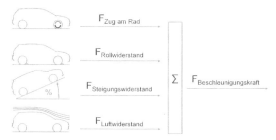

Abbildung 4.14 Prinzipdarstellung des Längsdynamikmodells (Vorwärtssimulation)

4.3.2 Rekuperationsstrategie

Bei Bremssystemen für rein elektrisch angetriebene Fahrzeuge und Hybridfahrzeuge lässt sich zwischen blendfähigen und nicht blendfähigen Systemen unterscheiden, siehe zum Beispiel in [102], [100]. Blendfähigkeit beschreibt in diesem Fall die Fähigkeit des Bremssystems, innerhalb der systemischen Grenzen elektronisch kontinuierlich zwischen dissipativen und rekuperativen Verzögerungsanteilen zu regeln.

Für die vorgenommenen Betrachtungen wurde von einem nicht blendfähigen Bremssystem ausgegangen. Nach Regelung Nr. 13-H der UN/ECE zur Genehmigung von Personenkraftwagen hinsichtlich der Bremsen [87] ist die damit durch Rekuperation hervorgerufene Verzögerung des Fahrzeugs bei Betätigung des Betriebsbremssystems auf maximal $0{,}7\ m/s^2$ zu begrenzen. Darüber hinaus wurde berücksichtigt, dass die Haltebremsung im Stand des Fahrzeugs ausschließlich durch die mechanischen Bremsen des Fahrzeugs realisiert wird; bei Verzögerungen unterhalb einer niedrigen Geschwindigkeitsschwelle wird die maximal zulässige Verzögerung durch Rekuperation linear reduziert.

Die rekuperierbare Energie kann unter Umständen durch den maximal zulässigen Ladestrom der Traktionsbatterie weiter eingeschränkt werden, wie zum Beispiel bei hohen Ladezuständen. Ferner kann durch die Traktionsbatterie, den Pulswechselrichter oder die Elektrische Maschine ein bauteiltemperaturinduziertes Derating ausgelöst werden, das ebenfalls zu einer Einschränkung der rekuperierbaren Leistung führt. Für diese Fälle wird durch das E-Antriebs-Modul[9] ein maximal zulässiges generatorisches Moment ermittelt, siehe auch Abschnitt 4.3.3.

Unter Berücksichtigung dieser Prämissen wird durch die Rekuperationsstrategie bei einem negativen Wunschmoment des Fahrreglers eine Momentenverteilung zwischen Elektrischer Maschine und Radbremsen vorgenommen. In Abbildung 4.15 sind die Wirkzusammenhänge zwischen den einzelnen Modulen im Fahrzeug dargestellt.

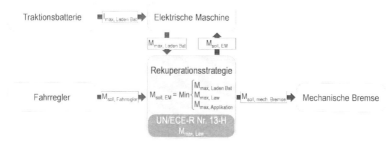

Abbildung 4.15 Prinzipdarstellung Rekuperationsstrategie

4.3.3 Steuerung/Regelung auf Gesamtfahrzeugebene

Neben der Steuerung/Regelung einzelner Komponenten und Systeme ist auf Gesamtfahrzeugebene eine übergeordnete Regelinstanz erforderlich. Diese sorgt zum einen dafür, dass beispielsweise die fahrzeugprojektspezifische Höchstgeschwindigkeit bei der Regelung der Längsdynamik berücksichtigt wird.

Zum anderen stellt diese Regelung sicher, dass die momentanen Leistungsgrenzen einzelner Komponenten, zum Beispiel bzgl. Stromtragfähigkeit oder mechanischem Moment, gewahrt bleiben und Rückwirkungen auf die interagierenden Komponenten stattfinden. Die Notwendigkeit eines solchen übergeordneten Triebstrangkoordinators ergibt sich aus der Verknüpfung der einzelnen Teilsysteme über unidirektionale Signale; es findet keine physikalische Interaktion statt. Zur Verdeutlichung sind für einen Antriebsfall ohne Komfort- und Nebenverbraucher in Abbildung 4.16 die wesentlichen Strom- und Momentenpfade im Antriebsstrang dargestellt.

Grundsätzlich übersetzt ein Fahrregler eine Fahrpedalstellung in ein Fahrerwunschmoment. Auf dieser Basis berechnen dann die Elektrische Maschine sowie der Pulswechselrichter eine Stromanforderung an die Hochvoltbatterie. Durch die Fahrzeugsteuerung wird sichergestellt, dass sowohl das maximale Moment der Elektrischen Maschine als auch die maximale Entladeleistung der Traktionsbatterie bei der Ermittlung des mechanischen Motormoments berücksichtigt werden.

---

[9]Pulswechselrichter und Elektrische Maschine

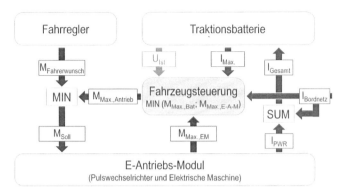

Abbildung 4.16 Regelung auf Gesamtfahrzeugebene (Beispiel Antreiben, ohne Komfort- und Nebenverbraucher)

Durch die Berücksichtigung des Rekuperationsverhaltens (siehe Abschnitt 4.3.2) und der Komfort- und Nebenverbraucher steigt die Komplexität der Fahrzeugsteuerung deutlich an. Bei eingeschränkter Batterieleistung ist insbesondere für die Komfort- und Nebenverbraucher eine zwischen den einzelnen Funktionen priorisierte bzw. gestaffelte und transiente Derating-Strategie nur unter enormen Aufwänden darstellbar. Für die im Rahmen dieser Arbeit vorgenommenen Untersuchungen findet daher ausschließlich eine Einschränkung der Antriebsfunktionen statt.

5 Quantitative Systemanalyse

Nachdem in den vorhergehenden Kapiteln der Aufbau der Gesamtfahrzeugsimulation beschrieben und eine Bewertungsmethodik (siehe Kapitel 3.3) entwickelt wurde, erfolgt in diesem Kapitel die Anwendung in Form einer quantitativen Systemanalyse auf das im Rahmen dieser Arbeit herangezogene Referenzfahrzeug (vgl. auch Abschnitt 2.2.1, Abbildung 2.7), einem rein elektrisch angetriebenem Fahrzeug der A-Klasse. Die systeminhärenten Eigenschaften werden unter grenzbetriebs- wie auch kundenrelevanten Bedingungen ermittelt und analysiert. Die Analyse bildet die Grundlage bzw. die Referenz für die in Kapitel 6 vorgenommene Bewertung eines Ansatzes zur Systemoptimierung.

5.1 Quantitative Systemanalyse unter Grenzbetriebsbedingungen

In einem ersten Schritt erfolgt die Betrachtung des Systems unter Grenzbetriebsbedingungen. Im Fokus liegt das Aufzeigen der systeminhärenten Grenzen hinsichtlich der Darstellbarkeit von Fahrleistungen und Innenraumkomfort unter extremen Bedingungen. Die Start- bzw. Randbedingungen (vgl. hierzu Kapitel 3.3.1) für die Betrachtungen unter Grenzbetriebsbedingungen werden im Folgenden jeweils als Basis(szenarien) bezeichnet.

Für den **Basisfall bei -20 °C** kann das Fahrzeug während der Bergfahrt der Sollgeschwindigkeit über ca. 130 s nicht folgen; die maximale Unterschreitung beträgt ca. 34 km/h (siehe Abbildung 5.1, unten).

Limitierend auf die Fahrperformance wirkt hierbei die Leistungsfähigkeit der Traktionsbatterie bei niedrigen Ladezuständen. Die Gründe sind zum einen die mit sinkendem Ladezustand absinkende Nennspannung, zum anderen der wegen des geringen Ladezustands eingeschränkte Entladestrom. Insgesamt wird am Ende der Bergfahrt ein minimaler Ladezustand von ca. 11,5 % erreicht; durch die Talfahrt kann der Ladezustand um ca. 10 Prozentpunkte erhöht werden.

Beispielhaft für relevante Temperaturen sind in Abbildung 5.1 die mittlere Batterie- sowie Innenraumtemperatur dargestellt. Die mittlere Batterietemperatur steigt während der Bergfahrt – bedingt durch eine mittlere Verlustleistung der Traktionsbatterie von über 2,8 kW – um ca. 10 K an und erhöht sich dann um weitere 2 K auf 2 °C während der Talfahrt. Hinsichtlich der darstellbaren Temperatur im Fahrgastraum

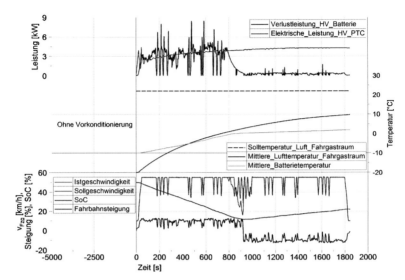

Abbildung 5.1 Fahrprofil Grossglockner, Umgebungstemperatur -20 °C, Basisszenario – ausgewählte charakteristische Größen

zeigt sich, dass bei Fahrtende bei einem konstanten Frischluft-Massenstrom von ca. 200 kg/h eine maximale Innenraumtemperatur von ca. 10 °C erreicht werden kann[1]. Diese deutliche Unterschreitung des Sollwertes bestätigt auch der Klimakomfortindex, der mit einem Wert von 0 eine ebenso deutliche wie dauerhafte Unterschreitung der mittleren Soll-Innenraumtemperatur anzeigt. Der Klimaeffizienzindex liegt mit einem Wert von ca. 0,81 in einer für ein Fahrzeug mit HV-PTC typischen Höhe. Im Fahrleistungsindex von 0,98 spiegelt sich die bereits im Vorhergehenden erläuterte temporäre Abweichung vom Soll-Fahrprofil wieder.

Auffällig ist der unter Grenzbetriebsbedingungen im Vergleich zum kundenrelevanten Betrieb (siehe zum Beispiel Kapitel 5.2) relativ niedrige Fahreffizienzindex. Ursächlich ist die dem Fahreffizienzindex zugrunde liegende Nutzen- zu Aufwandsbilanzierung in Verbindung mit dem für den Grenzbetrieb herangezogenen Fahrprofil "Grossglockner". Durch Integration der Fahrwiderstände über die gesamte Fahrtstre-

---

[1]In der DIN 1946-3 (Raumlufttechnik - Teil 3: Klimatisierung von Personenkraftwagen und Lastkraftwagen) [18] ist das minimal darzustellende Aufheiz- bzw. Abkühlverhalten von PKW unter definierten Randbedingungen, siehe auch Abschnitt 3.3.1, beschrieben. Im Winterbetrieb wird eine mittlere Innenraumtemperatur von 15 °C gefordert. Das im Rahmen der Norm beschriebene Lastprofil (eine Konstantfahrt mit 32 km/h) weicht von den im Rahmen dieser Arbeit zugrunde gelegten Lastprofil im Grenzbetrieb ab, so dass eine direkte Vergleichbarkeit der Randbedingungen und damit eine Anwendbarkeit der Anforderung auf die Norm nicht gegeben ist.

cke gehen einzig Roll- und Luftwiderstandsleistung in die Nutzenbilanzierung ein; die Steigungswiderstandsleistung wird integral zu Null. Gleichzeitig wird aber zum einen die Energie, die zur Überwindung des Steigungswiderstandes während der Bergfahrt benötigt wird, mit einem Differenzwirkungsgrad von kleiner 1 bereitgestellt. Zum anderen kann während der Talfahrt aufgrund der auftretenden Verluste die – in diesem Fall negative – Steigungswiderstandsleistung nicht vollständig rekuperiert werden. Der Energieeffizienzindex von ca. 0,32 resultiert damit im Wesentlichen aus dem in Relation zur Fahrwiderstandsenergie hohen Antriebsenergiedurchsatz.

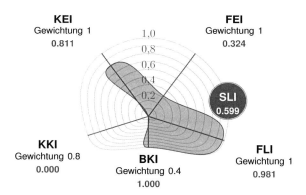

Abbildung 5.2 Ganzheitliche Systembewertung im Grenzbetrieb, Umgebungstemperatur -20 °C, Basisszenario

Durch eine **Vorkonditionierung der HV-Batterie** von -10 auf 0 °C lässt sich die mittlere Verlustleistung der HV-Batterie während der Fahrt um ca. 400 W reduzieren. Die Heizleistung des HV-PTCs wird hierbei wie auch in den folgenden Betrachtungen so geregelt, dass sich zwischen Vor- und Rücklauf des Kühlmediums ein Temperaturdelta von maximal 5 K einstellt. Durch die Begrenzung dieses Temperaturgradienten wird eine gleichmäßige Erwärmung der Batterie sichergestellt und eine durch die Vorkonditionierung induzierte Temperaturspreizung zwischen einzelnen Zellmodulen innerhalb der Batterie vermieden.

Durch den insgesamt höheren Primärenergieaufwand kommt es durch die Vorkonditionierung zwar zu einer Reduktion des Betriebskostenindexes von 1 auf 0,88, die gleichzeitige leichte Verbesserung aller anderen Einzelindizes[2] führt jedoch in der Summe zu einer Erhöhung des Systemleistungsindexes von ca. 0,60 auf 0,62.

Nur wenn zusätzlich zu einer **Konditionierung der HV-Batterie** eine **Konditionierung des Fahrgastraumes** vorgenommen wird, lässt sich für den Winterbetrieb ein gegenüber dem Basisszenario deutlich verbessertes Komfortniveau darstellen. Bei

---

[2]Die hierbei wirksamen Effekte werden im Folgenden vorgestellt.

einer zugeführten Frischluftmenge von ca. 200 kg/h lässt sich eine mittlere Innenraumtemperatur von 20 °C – und damit 2 K unter der gewünschten Solltemperatur
– darstellen, siehe Abbildung 5.3. Die Konditionierung des Fahrgastraumes dauert
ca. 1 h 20 min. und liegt damit deutlich über den 45 min., die zur Konditionierung
der HV-Batterie benötigt werden. Durch Leckageströme über den Batteriewärme-
übertrager kommt es bis Fahrbeginn zu einer weiteren Erwärmung der HV-Batterie
von 0 °C auf ca. 2 °C.

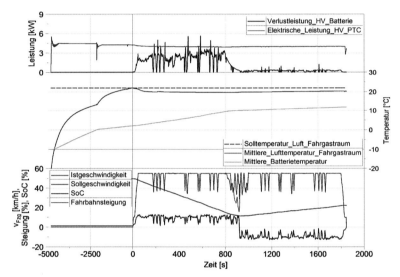

Abbildung 5.3 Fahrprofil Grossglockner, Umgebungstemperatur -20 °C, mit Vorkonditionierung von HV-Batterie und Fahrgastraum – ausgewählte
charakteristische Größen

Der Energieverbrauch während der Fahrt unterscheidet sich kaum vom Energieverbrauch im vorhergenannten Szenario, da in beiden Fällen für die Klimatisierung vergleichbare Energiemengen erforderlich sind; gegenüber dem Basisszenario reduziert
sich allerdings die Verlustleistung der HV-Batterie. In diesem Zusammenhang erhöht
sich der Fahreffizienzindex um ca. 3 Prozentpunkte, siehe auch Abbildung 5.4(a).
Durch die reduzierten Verluste wird ein geringfügig längeres Folgen der Sollfahrkurve
ermöglicht, was sich in einem leicht erhöhten Fahrleistungsindex widerspiegelt. Da
bei Fahrtbeginn der Heiz-/Batteriekreislauf bereits aufgeheizt ist, erhöht sich ferner
der Klimaeffizienzindex von 0,81 auf 0,83. Die wesentlichen Änderungen ergeben sich
jedoch zum einen für den Klimakomfortindex, in dessen Höhe sich das gegenüber
dem Basisszenario deutlich höhere Innenraumtemperaturniveau widerspiegelt, zum
anderen im Betriebskostenindex, welcher von 1 (Referenz) auf 0,57 sinkt. Ursächlich

hierfür ist der Energieverbrauch während der Vorkonditionierung in Höhe von ca. 6 kWh.

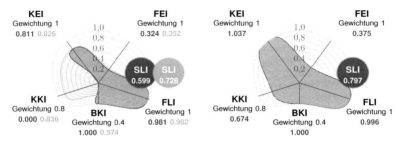

(a) Umgebungstemperatur -20 °C, Basisszenario (b) Umgebungstemperatur 40 °C, Basisszenario
(grau) und Szenario mit Vorkonditionierung
von HV-Batterie und Fahrgastraum (blau)

Abbildung 5.4 Ganzheitliche Systembewertung im Grenzbetrieb

Für den **Sommerlastfall** kann bereits ohne Vorkonditionierung der Fahrkurve gefolgt werden, so dass sich ein Fahrleistungsindex von annähernd 1 einstellt[3]. Der Fahreffizienzindex erreicht einen Wert von 0,375, siehe auch Abbildung 5.4(b). Die Steigerung gegenüber beiden Winterlastszenarien liegt im Wesentlichen an den bedingt durch die höhere mittlere Batterietemperatur weiter reduzierten Batterieverlusten, sowie an der gegenüber dem Winter-Basisszenario um ca. 350 W reduzierten mittleren Verlustleistung im Antriebsstrang.

Das Systemverhalten in Bezug auf die Klimatisierung des Fahrgastraumes unterscheidet sich hinsichtlich Dynamik und Energiebedarf deutlich vom Winterlastfall. Ausgehend von einer Starttemperatur von 64 °C, die sich am Ende der passiven Aufheizung einstellt, wird eine Soll-Innenraumtemperatur von 22 °C nach ca. 19 min. erreicht. Die schnelle Abkühlung des Fahrgastraumes und damit verbunden der im Vergleich zum Winterlastfall hohe Klimakomfortindex wird zum einen durch die Nutzung des Umluftbetriebs, zum anderen durch die hohe Effizienz der Kältebereitstellung durch den Kältemittelkreislauf mit $COP_{mittel} = 1,35; COP_{max.} = 1,87$ ermöglicht. Letzteres beeinflusst wesentlich den Klimaeffizienzindex, so dass für diesen ein Wert von knapp über 1 erreicht wird.

Der gewählte Sommerlastfall im Grenzbetrieb stellt damit nur eine unterkritische thermische Belastung der elektrischen Antriebskomponenten und der Traktionsbat-

---

[3]Aufgrund der Vorwärtssimulation stellt sich systeminhärent eine Abweichung zur Soll-Fahrkurve ein. In Abhängigkeit von der Dynamik des Fahrprofils sind für die im Rahmen dieser Arbeit verwendeten Fahrprofile „Großglockner" und NEFZ für den FLI Werte von 0,996 bzw. 0,995 nicht zu steigern und können als optimal gelten.

terie dar. Der durch die hohe Effizienz der Klimatisierung im Vergleich zum Winter-lastfall geringere Energiebedarf führt zu einem minimalen Ladezustand der Trakti-onsbatterie von ca. 13 %. In Verbindung mit einer Erhöhung der Batterietemperatur von ca. 3,7 K am Ende der Bergfahrt kommt es zu keiner Einschränkung der Sys-temperformance.

Für das betrachtete Referenzfahrzeug ergeben sich für den Grenzbetrieb insbeson-dere für den Winterlastfall deutliche Einschränkungen bei Fahrleistung und Klima-komfort. Durch eine Vorkonditionierung kann vor allem der Klimakomfort gesteigert werden, bedingt durch den hohen Energiebedarf zum Halten des Temperaturnive-aus während der Fahrt ergeben sich keine signifikanten Vorteile für die darstell-baren Fahrleistungen. Das Derating der Antriebskomponenten wird im Wesentli-chen jeweils durch niedrige SoC-Stände ausgelöst. Für eine ganzheitliche Systemop-timierung verspricht daher ein System, das bei gesteigerter oder zumindest gleicher Heizleistung für den Fahrgastraum einen reduzierten Primärenergiebedarf aufweist, deutliche Vorteile.

5.2 Quantitative Systemanalyse unter kundenrelevanten Betriebsbedingungen

In einem zweiten Schritt erfolgt die Bewertung des **Referenzsystems** unter kun-denrelevanten Betriebsbedingungen. Hierbei wurde zunächst eine **Bewertung nach Fahrtende**, d.h. nach vier NEFZ oder ca. 79 min., vorgenommen.

Im Vergleich zum Grenzbetrieb zeigt sich für einzelne Bewertungsdimensionen eine deutliche Abweichung, die im Folgenden für die einzelnen Indizes erläutert wird. Wie in Abbildung 5.5 exemplarisch für einen 7 °C-Fall dargestellt, kann aufgrund der moderaten Leistungsanforderungen im NEFZ bei gleichzeitig moderater Bat-terietemperatur und ausreichendem Batterieladezustand dem Fahrprofil über die gesamte Fahrtzeit gefolgt werden. Ein vergleichbares Verhalten stellt sich in den weiteren betrachteten Temperaturpunkten ein, so dass im gewichteten Jahresmittel ein Fahrleistungsindex von annähernd 1 erreicht wird, siehe Abbildung 5.6(a).

Der Fahreffizienzindex erreicht über das betrachtete Temperaturspektrum Werte im Bereich von ca. 0,52 bis 0,58; die Unterschiede im kundenrelevanten Betrieb ergeben sich hierbei im Wesentlichen aus den mit sinkender Umgebungstemperatur steigen-den Verlusten im Antriebsstrang und der Traktionsbatterie. Da im Vergleich zu den Betrachtungen im Grenzbetrieb durch die Fahrt in der Ebene der Anteil der reku-perierten Energie deutlich geringer ist[4], liegt dieser Wert generell auf einem höheren Niveau. Zur Illustration dieses Zusammenhangs soll die folgende Beispielrechnung

---

[4]Bei Bilanzierung auf der Ebene der Leistungselektronik (batterieseitig) beträgt der Anteil der rekuperierten Energie ca. 16 %, im Grenzbetrieb (bei -20 °C) ca. 34 %. Dieser geringere Rekupe-rationsanteil führt zu einem relativ zum Integral der Fahrwiderstände geringen Energiedurchsatz über den Antriebsstrang und damit zu relativ geringeren Antriebsverlusten.

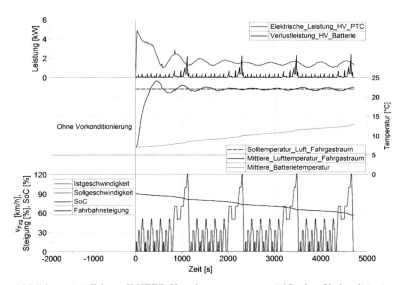

Abbildung 5.5 Fahrprofil NEFZ, Umgebungstemperatur 7 °C, ohne Vorkonditionierung – ausgewählte charakteristische Größen

dienen. Analog zum Fahrprofil „Großglockner" ist eine Fahrtstrecke bei gleichem Geschwindigkeitsprofil für Hin- und Rückweg in beide Fahrtrichtungen zu bewältigen. Das Höhenprofil ist hierbei so ausgeprägt, dass über die gesamte Bergabfahrt so viel Energie rekuperiert wird, dass der Ladezustand der Traktionsbatterie beim Ende der Bergabfahrt höher als zu Beginn der Bergabfahrt ist. Der Antriebs- (η_a) und Rekuperationswirkungsgrad (η_r) sei identisch ($\eta_a = \eta_r = \eta$) mit $0 < \eta < 1$. Die Verlustenergie des Antriebs $E_{v,St}$ ergibt sich damit mit den zu überwindenden Fahrwiderstandsenergien für Luft- (E_{LW}), Roll- (E_r) und Steigungswiderstand während der Bergauffahrt (E_{St}), zu

$$E_{v,St} = \underbrace{(E_{St} + E_{LW} + E_r)\left[(1-\eta)/\eta\right]}_{\text{Bergauffahrt}} + \underbrace{(-E_{St} + E_{LW} + E_r)(1-\eta)}_{\text{Bergabfahrt}} . \quad (5.1)$$

Für eine gleiche Fahrtstrecke in der Ebene beträgt die Verlustenergie des Antriebs $E_{v,E}$

$$E_{v,E} = 2(E_{LW} + E_r)\left(\frac{1-\eta}{\eta}\right) . \quad (5.2)$$

Das Verlustenergiedelta ΔE_v ergibt sich aus den Gleichungen 5.1 und 5.2 zu

$$\Delta E_v = E_{v,St} - E_{v,E} = (E_{St} - E_{LW} - E_r) \left(\frac{1-\eta}{\eta} \right) - (E_{St} - E_{LW} - E_r)(1-\eta)$$

$$= (E_{St} - E_{LW} - E_r) \left(\frac{(1-\eta)^2}{\eta} \right) . \tag{5.3}$$

Unter der geltenden Voraussetzung, dass während der Bergabfahrt der Ladezustand der Traktionsbatterie angehoben wird, muss gelten $E_{St} > (E_{LW} + E_r)$. Die Antriebsverluste über ein gleiches Geschwindigkeitsprofil sind somit bei Berücksichtigung der Topologie im Vergleich zu einer Fahrt in der Ebene um ΔE_v, siehe Gleichung 5.3, höher.

Der Klimaeffizienzindex liegt im kundenrelevanten Betrieb im Bereich von 1, d.h. bei ganzheitlicher funktionaler Bewertung wird die elektrische Leistung im Jahresmittel mit einem COP von näherungsweise 1 in nutzbare Heiz- bzw. Kühlleistung umgesetzt. Bei der Analyse der einzelnen Temperaturpunkte zeigt sich für die Winterlastfälle (hier -7 °C und 7 °C), dass wegen der ggü. dem Grenzbetriebsszenario deutlich erhöhten Fahrtzeit die Aufwände zum Aufheizen der Fluidmenge im Heiz-/Batteriekreislauf zu Fahrtbeginn in Relation zur gesamten bereitgestellten Heizleistung gering sind. So können vergleichsweise hohe Werte für die Klimaeffizienz erreicht werden. Bei 35 °C Umgebungstemperatur wird zwar ein Klimaeffizienzindex von größer 1,4 erreicht, aufgrund der geringen Gewichtung dieses Temperaturpunktes ergibt sich jedoch keine signifikante Steigerung des Effizienzwertes im Jahresmittel.

Der Klimakomfort erreicht mit einem Wert von ca. 0,92 im Vergleich zu den Ergebnissen im Grenzbetrieb ein hohes Niveau. Ursächlich hierfür sind die moderateren Außentemperaturen, die ein deutlich früheres Erreichen der Soll-Innenraumtemperatur ermöglichen[5], und die längere Fahrtzeit. Letztere führt dazu, dass die Zeitanteile, in denen keine ausreichende Konditionierung des Fahrgastraumes eingestellt werden kann, in Relation zur Gesamtfahrzeit gering sind.

Insgesamt wird bei der Bewertung des Gesamtsystems für das Basisszenario ein Systemleistungsindex von 0,87 erreicht, siehe Abbildung 5.6(a) (grau). Die Werte für die einzelnen Referenz-Temperaturpunkte sind zusätzlich im Anhang C.1 dargestellt.

Der Systemleistungsindex lässt sich bei Einsatz einer **Vorkonditionierung von HV-Batterie[6] und Fahrgastraum** weiter steigern. Eine signifikante Steigerung ergibt sich hier zum einen für den Klimaeffizienzindex. Ursächlich hierfür ist vor allem für die Winterlastfälle die Auslagerung der Aufheizphase des Fluidkreislaufes und der luftführenden Kanäle in die Phase der Vorkonditionierung, so dass während der Fahrt lediglich die Verluste für Wärmetransport und -übertragung anfallen. In Verbindung mit einem Klimaeffizienzindex für den Sommerlastfall von ca. 1,5 wird so insgesamt ein Klimaeffizienzindex von 1,06 erreicht. Zum anderen steigt

---

[5]Für den -20 °C-Fall wird die Soll-Innenraumtemperatur von 22 °C nicht, für den -7 °C-Fall nach ca. 23 min. erreicht.

[6]im Winterlastfall

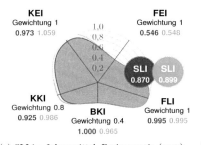
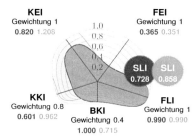

(a) SLI im Jahresmittel, Basisszenario (grau)
und Szenario mit Vorkonditionierung (blau),
jeweils nach Fahrtende

(b) SLI im Jahresmittel, Basisszenario (grau)
und Szenario mit Vorkonditionierung (blau),
jeweils nach Fahrtdauer 10 min.

Abbildung 5.6 Ganzheitliche Systembewertung im kundenrelevanten Betrieb

der Klimakomfortindex um ca. 6 Prozentpunkte auf ca. 0,99, wobei eine weitere Steigerung nur durch eine Optimierung der Temperaturregelung für den Fahrgastraum erreichbar ist[7]. Da der Betriebskostenindex nur moderat sinkt, stellt sich auf Gesamtsystemebene eine Verbesserung des Systemleistungsindexes auf ca. 0,9 ein, siehe Abbildung 5.6(a) (blau).

Mit zunehmender Verkürzung der Fahrtdauer steigt das Verhältnis von Vorkonditionierungs- zu Fahrtzeit. Die Auswirkungen auf Gesamtsystemebene sind in Abbildung 5.6(b) exemplarisch für eine **Fahrtdauer von 10 min**. dargestellt. Der aus Kundensicht wesentliche Vorteil einer Vorkonditionierung – ein höheres Komfortniveau zu Beginn der Fahrt – ist klar ersichtlich und drückt sich in einem von ca. 0,6 auf annähernd 1 gesteigerten Klimakomfortindex aus. Gleichzeitig steigt der Klimaeffizienzindex, da die für die Beheizung des Fahrgastraums genutzten Fluidmengen sowie die luftführenden Kanäle während der Vorkonditionierung aufgeheizt werden und bei Fahrtantritt lediglich bei näherungsweise konstanter bzw. ggü. der Vonditionierung leicht reduzierter Temperatur verharren. Damit ergibt sich für die Winterlastfälle ein Klimaeffizienzindex von näherungsweise 1, für den Sommerlastfall von ca. 1,4.

Gleichzeitig sinkt der Betriebskostenindex durch das eingangs dargestellte erhöhte Verhältnis von Vorkonditionierungs- zu Fahrtzeit auf ca. 0,7; dieser Wert entspricht einer Steigerung der Betriebs- bzw. Energiekosten von ca. 40 %.

---

[7]siehe auch Abbildung 5.5. Durch die großen Zeitkonstanten der Systeme zur Konditionierung des Fahrgastraumes bei gleichzeitig transienten Änderungen der Fahrgeschwindigkeit schwingt die Innenraumtemperatur leicht um den Sollwert.

5.3 Szenarieneinflussanalyse

Im Folgenden soll für den Grenzbetrieb der Einfluss einzelner Randbedingungen in Form einer Sensitivitätsanalyse dargestellt werden. Hierzu werden drei unterschiedliche Szenarienvarianten betrachtet:

- Änderung des Fahrprofils (Berg- bzw. Talfahrt mit maximal 40 km/h statt 55 km/h)

- Änderung der Umgebungsbedingungen (-7 °C und 70 % rel. Luftfeuchte statt -20 °C und 80 % rel. Luftfeuchte)

- Erhöhung des SoC bei Beginn der Fahrt (von 50 % auf 60 %)

Für eine erste Variation der Randbedingungen soll der **Einfluss des Fahrprofils** in Form einer Beschränkung der Fahrgeschwindigkeit auf das Systemverhalten dargestellt werden. Hierzu wird die maximale Geschwindigkeit während der Bergauf- und Bergabfahrt auf 40 km/h reduziert (Referenz: 55 km/h). In Konsequenz ergibt sich bei gleicher Strecke eine Verlängerung der Fahrtzeit um ca. 10 Minuten, siehe Abbildung 5.7.

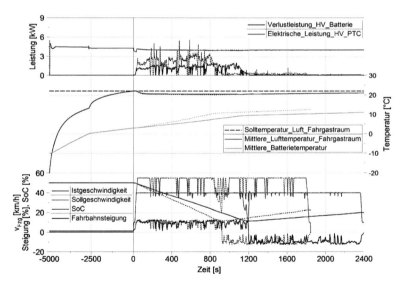

Abbildung 5.7 Fahrprofil Grossglockner, Umgebungstemperatur -20 °C,
Start-SoC 50 %, Höchstgeschwindigkeit 40 km/h –
ausgewählte charakteristische Größen
(—: Betrachtetes Szenario, ---: Referenz)

Durch eine gegenüber der Referenz niedrigere Leistungsanforderung an den elektrischen Antriebsstrang werden das Getriebe, Pulswechselrichter und die Elektrische Maschine bei geringeren Wirkungsgraden betrieben. Gleichzeitig sinkt mit der Leistungsanforderung aus dem Fahrprofil die Nutzenseite der Bilanz, so dass in der Folge nur ein gegenüber der Referenz (0,34) deutlich reduzierter Fahreffizienzindex von ca. 0,26 dargestellt werden kann, siehe Abbildung 5.8(a). Die Höhe der Reduktion kann auch durch die im Mittel um 500 W reduzierten Batterieverluste nicht signifikant vermindert werden. Durch die mit der Verlängerung der Fahrtzeit einhergehende, längere Leistungsanforderung der Klimatisierung kommt es zu einer Überkompensation des reduzierten Leistungsbedarfes aus der reinen Fahraufgabe, was sich auch in einem reduzierten Betriebskostenindex ausdrückt. Infolgedessen kann am Ende der Bergauffahrt dem Fahrprofil nicht mehr gefolgt werden, so dass der Fahrleistungsindex auf einem zur Referenz vergleichbaren Niveau verbleibt. Bezüglich des Klimakomforts kommt es gegenüber der Referenz zu einer leichten Verbesserung, da die konvektiven Wärmeströme über die Fahrzeughülle durch die reduzierte Umströmungsgeschwindigkeit des Fahrzeugs reduziert sind, so dass sich ein leicht höheres Temperaturniveau als im Basisszenario einstellt. Insgesamt verringert sich der Systemleistungsindex um ca. 2 Prozentpunkte auf ca. 0,78.

Eine **Änderung der Umgebungsbedingungen** hat erwartungsgemäß einen deutlichen Einfluss auf das Gesamtsystemverhalten. Eine Quantifizierung soll im Folgenden beispielhaft für eine Umgebungstemperatur T_U von -7 °C und 70 % relative Luftfeuchte r_F (Basisszenario T_U = -20 °C, r_F = 80 %) dargestellt werden. Für diese Variante zeigt sich, dass bei den genannten Umgebungsbedingungen eine Soll-Innenraumtemperatur von 22 °C erreicht werden kann. Die hierzu notwendige PTC-Leistung liegt im Mittel ca. 800 W niedriger als im Referenzszenario (Anhang C.2, Abbildung C.2). Das höhere Innenraumtemperaturniveau äußert sich in einem Anstieg des Klimakomfortindex um ca. 13 Prozentpunkte auf annähernd 1; dieser Wert entspricht näherungsweise einem optimalen Komfortniveau, siehe auch Abbildung 5.8(b). Der Fahrleistungsindex für diese Variante erhöht sich auf ca. 0,99, da bedingt durch den geringeren Energiebedarf der Klimatisierung am Ende der Bergfahrt Energie und Leistungsfähigkeit der Traktionsbatterie ausreichen, um dem Fahrprofil zu folgen. Die größte Veränderung ergibt sich für die Betriebskosten, da neben dem geringeren Energiebedarf der Klimatisierung während der Fahrt der Energiebedarf für die Vorkonditionierung deutlich geringer ist, so dass in Summe die Betriebskosten annähernd halbiert werden. Insgesamt erhöht sich der Systemleistungsindex von ca. 0,8 auf 0,92.

Bei einer **Erhöhung des SoC bei Beginn der Fahrt** um 10 Prozentpunkte[8] steht am Ende der Bergfahrt ausreichend Energie und Traktionsleistung für ein Folgen der Sollfahrkurve zur Verfügung, siehe auch Anhang C.2, Abbildung C.3. Infolgedessen steigt zum einen der Fahrleistungsindex um ca. 1 Prozentpunkte auf 0,996, zum anderen erhöht sich der Fahreffizienzindex auf ca. 0,35, siehe Abbildung 5.8(b). Die Steigerung der Fahreffizienz ist hierbei im Wesentlichen auf den Entfall der niedriglas-

---

[8]Eine Erhöhung der Zellkapazität bei ansonsten unveränderter Zellperformance zeigt gegenüber der dargestellten Erhöhung des SoCs bei Fahrtbeginn vergleichbare Auswirkungen.

tigen Fahranteile am Ende der Bergfahrt zurückzuführen, die mit dem elektrischen Antrieb nur bei deutlich eingeschränktem Antriebswirkungsgrad abgedeckt werden können. Für die Klimaeffizienz und den Komfort ergeben sich für diese Variante keine signifikanten Änderungen gegenüber dem Referenzszenario.

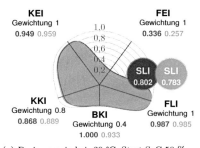

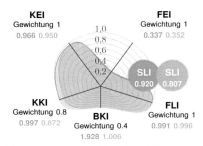

(a) Basisszenario bei -20 °C, Start-SoC 50 % und max. 55 km/h (grau) und Variante 1 mit Höchstgeschwindigkeit 40 km/h (blau)

(b) Variante 2 bei -7 °C (grün) und Variante 3 mit Start-SoC 60 % (gelb)

Abbildung 5.8 Systemleistungindex bei Variation der Randbedingungen

Die in den Kapiteln 5.1 und 5.2 dargestellte Systemleistung ist somit neben dem Konditionierungszustand des Fahrzeugs (zum Beispiel wie dargestellt mittels einer aktiven Vorkonditionierung) in hohem Maße vom gewählten Bewertungsszenario abhängig. Dieses gilt insbesondere für den Grenzbetrieb, für den kleine Änderungen der Randbedingungen (SoC bei Beginn der Fahrt, Außentemperatur, Fahrprofil, etc.) zu einer deutlichen Änderung einzelner Bewertungsdimensionen sowie der Systemleistung insgesamt führen können. Vor allem eine Variation der Umgebungsbedingungen hat – aufgrund des großen Temperaturdeltas zwischen Kabinen- und Umgebungslufttemperatur im Basisszenario – deutliche Auswirkungen, da sich der Energiebedarf sowohl während der Vorkonditionierungs- als auch während der Fahrphase signifikant erhöht. Ursächlich hierfür ist der linear mit dem Temperaturdelta ansteigende konvektive Verlustwärmestrom über die Hülle des Fahrgastraums, der zur Folge hat, dass geringe Änderungen der Umgebungstemperatur eine deutliche Änderung des Klimakomforts wie auch der Betriebskosten nach sich ziehen.

Die Einflüsse einer Variation der Fahrgeschwindigkeit wie auch des Ladezustands der Traktionsbatterie bei Beginn der Fahrt haben im direkten Vergleich hierzu geringere Auswirkungen auf die Systemleistung. Bei einer Variation der Fahrgeschwindigkeit kommt beispielsweise zum Tragen, dass – ausgehend vom Basisszenario mit um 15 km/h reduzierter Maximalgeschwindigkeit – der Energiebedarf des Antriebs sinkt. Gleichzeitig steigt aber der Energiebedarf der Klimatisierung durch die längere Wirkdauer[9], so dass es im Gesamtsystem zu einer teilweisen Kompensation kommt.

---

[9]In Analogie reduziert sich bei steigender Maximalgeschwindigkeit – und damit steigendem Energiebedarf – die Wirkdauer der Klimatisierung.

6 Ansatz zur ganzheitlichen Systemoptimierung

Im Folgenden sollen die Potenziale eines alternativen Systems zur Bereitstellung von Wärme und Kälte in rein elektrisch angetriebenen Fahrzeugen am Beispiel einer Kompressionswärmepumpe dargestellt werden. Die systemischen Vor- und Nachteile von Wärmepumpensystemen wurden bereits in Abschnitt 2.3.3 dargestellt. Für eine Luft-Luft-Wärmepumpe lässt sich als ein Nachteil anführen, dass bei tiefen Außentemperaturen im Bereich -10 °C und darunter, wenn ein großer Temperaturhub von Umgebungs- auf Ausblastemperatur dargestellt werden müsste, aufgrund der physikalischen Eigenschaften des Kältemittels kein effizienter Wärmepumpenbetrieb möglich ist. Außerdem kann es bei Temperaturen unterhalb von 0 °C zu einer Vereisung des Frontend-Wärmeübertrager mit einer damit einhergehenden Verschlechterung des Wärmeübergangs kommen. Eine Optimierung lässt sich erreichen, wenn neben der Umgebungswärme weitere Wärmequellen, z.B. ein PTC-Zuheizer oder die Abwärme der Komponenten des elektrischen Antriebsstrangs, für das Wärmepumpensystem nutzbar gemacht werden können.

Um die in die Fluidkreisläufe von den Komponenten des elektrischen Antriebsstrangs eingetragenen Wärmemengen charakterisieren und quantifizieren zu können, wird im folgenden Kapitel eine Wärmequellen- und -senkenanalyse durchgeführt. Diese Analyse bildet die Grundlage für die nachfolgend vorgenommene Modifikation der Systemtopologie.

6.1 Wärmequellen- und -senkenanalyse

Die Basis der Wärmequellen- und -senkenanalyse bildet die Analyse der Verlustleistung von Pulswechselrichter, Elektrischer Maschine und HV-Batterie im kundenrelevanten Betrieb über vier NEFZ, siehe auch Tabelle 6.1. Die dargestellten mittleren Verlustleistungen bzw. Wärmeströme sind hierbei jeweils auf die mittlere Verlustleistung der Elektrischen Maschine bei -7 °C normiert. Bei Fahrtbeginn sind die einzelnen Komponenten auf Umgebungstemperatur vorkonditioniert.

Es zeigt sich, dass hinsichtlich der mittleren Verlustleistung die Elektrische Maschine die größte thermische Verlustquelle im elektrischen Antriebsstrang darstellt. Die mittlere Verlustleistung des Pulswechselrichters liegt im Vergleich dazu näherungsweise über alle betrachteten Temperaturpunkte bei ca. 50 %, während die Verlust-

Tabelle 6.1 Wärmequellen- und -senkenanalyse im kundenrelevanten Betrieb

		- 7 °C	7 °C	20 °C
Relative mittlere Verlustleistung	**Pulswechselrichter**	0.55	0.54	0.47
	Elektrische Maschine	1	0.99	0.99
	HV-Batterie	0.43	0.25	0.15
Relativer mittlerer Wärmestrom an das Kühlmedium	**Pulswechselrichter**	0.54	0.53	0.46
	Elektrische Maschine	0.65	0.70	0.73
	HV-Batterie	-0.59	-0.37	-0.26
Nutzbarer Anteil der mittleren Verlustleistung	**Pulswechselrichter**	98 %	98 %	98 %
	Elektrische Maschine	65 %	70 %	73 %

leistung der HV-Batterie mit steigender Temperatur von über 40 % bei -7 °C auf ca. 15 % bei 20 °C absinkt. Von größerer Bedeutung als die mittlere Verlustleistung ist jedoch der in die Fluidkreisläufe des Fahrzeugs eingetragene mittlere Wärmestrom der einzelnen Komponenten, da nur diese Wärmeströme mittelbar als Nutzwärmeströme für ein Wärmepumpensystem zur Verfügung stehen. Hier zeigt sich, dass der Pulswechselrichter, bedingt durch ihre direkte thermische Anbindung, ihre Verlustleistung annähernd vollständig an den Motorkreislauf abführt. Die Elektrische Maschine dagegen kann zum einen aufgrund ihrer größeren thermischen Masse, zum anderen aufgrund ihrer höheren Oberflächentemperaturen und der damit verbundenen höheren konvektiven Wärmeabfuhr, nur ca. 70 % ihrer Verlustenergie an den Motorkreislauf übertragen. Darüber hinaus ist der mittlere Wärmestrom an das Kühlmedium im ersten NEFZ signifikant geringer, da zu Beginn ein Aufheizen der (thermischen) Masse der Komponente erfolgt. Dieses transiente Verhalten ist bei der Nutzung der Verlustleistung der Elektrischen Maschine zu berücksichtigen.

Schließlich ist die HV-Batterie aufgrund ihrer Anbindung an den Heiz-/Batteriekreislauf nicht als thermische Quelle nutzbar, da die Fluidtemperatur für die Winterlastfälle über der Batterietemperatur liegt. Zwar wird die Batterie nicht aktiv geheizt, durch einen Leckage-Volumenstrom über den Batterie-Wärmeübertrager stellt sich jedoch im Mittel ein Wärmestrom an die HV-Batterie ein, so dass diese nicht als thermische Quelle, sondern als thermische Senke fungiert.

Es ist zu beachten, dass die dargestellten Werte über eine Fahrtdauer von über einer Stunde ermittelt wurden und für deutlich kürzere Zeiträume aufgrund des unterschiedlichen Aufheizverhaltens der Komponenten signifikant abweichen können (vgl. auch Kapitel 4.1.1, Abbildung 4.3).

Auf Basis der dargestellten Wärmequellen- und -senkenanalyse soll im Folgenden ein Wärmepumpensystem untersucht werden, das neben einem Wärmeübertrager zur Umgebung einen Wärmeübertrager zum Motorkreislauf beinhaltet. Dieser Wärmeübertrager im Motorkreislauf liegt im Bereich des Rücklaufs der Elektrischen Maschine, um so die Verlustleistung des Pulswechselrichters und der Elektrischen Maschine nutzen zu können.

6.2 Modellierung der Wärmepumpe

Die Modellierung eines Grundmodells für die Wärmepumpe, welches die Grundlage für die im Rahmen dieser Arbeit durchgeführten Untersuchungen bildete, erfolgte im Rahmen eines Kooperationsprojektes zwischen dem Niedersächsischen Forschungszentrum Fahrzeugtechnik (NFF) und der Volkswagen AG. Die Systemtopologie wurde hierbei so gewählt, dass eine parallele Nutzung von Umgebungswärme und Abwärme der Komponenten ermöglicht wird. Hierzu wurde neben der Integration des Wärmepumpenkreislaufs sowie dem Entfall des Kältemittelkreislaufs die Integration eines zusätzlichen Wärmeübertragers zwischen dem Kühlmittel des Motorkreislaufs und dem Kältemittel des Wärmepumpen-Kreislaufs vorgenommen, siehe Abbildung 6.1. Mit dieser Anordnung können im Winterbetrieb die Umgebung, die Komponenten des Motorkreislaufs[1] sowie die Wärme aus der Kompression des Kältemittels zur Beheizung des Fahrgastraumes genutzt werden.

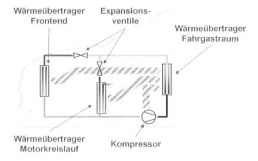

Abbildung 6.1 Systemtopologie des Wärmepumpenkreislaufs (Prinzipdarstellung)

Grundlage der Modellierung bildeten Prüfstandsmessungen der einzelnen Komponenten. Das Verhalten der Komponenten wurde, analog zum Kältemittelkreislauf, mittels der Softwarepakete TIL Suite® bzw. TIL Media Suite® der TLK Thermo GmbH abgebildet und anschließend der gesamte Kreislauf unter Verwendung dieser Komponenten aufgebaut. Die Validierung des Systems erfolgte anhand stationärer

---

[1]Pulswechselrichter, Ladegerät und Elektrische Maschine

Messpunkte bei unterschiedlichen Umgebungstemperaturen bis zu einer minimalen Temperatur von -20 °C. Hierbei konnten in Bezug auf die elektrische Verdichterleistung und die Wärmeströme an den Fahrgastraum Abweichungen von kleiner 5 % dargestellt werden. Eine weitergehende Anpassung war aufgrund von Unterschieden in der Systemausprägung zwischen simuliertem und vermessenem System im Rahmen dieser Arbeit nicht möglich. Hinsichtlich der sich einstellenden COPs ergibt sich insgesamt jedoch eine ausreichende Prognosegüte.

Nach Aufbau des Wärmepumpenkreislaufs erfolgte die Ableitung eines vereinfachten Regelkonzeptes. Hierbei wurde der Fokus auf die Abbildung des Systemverhaltens auf die für eine kundenrelevante Potentialableitung maßgeblichen Temperaturpunkte gerichtet. Das Regelungskonzept trägt unter anderem dafür Sorge, dass ein Vereisen des Umgebungswärmeübertragers bei Umgebungstemperaturen unterhalb von 0 °C vermieden wird, indem eine Regelung der Kältemitteleintrittstemperatur des Umgebungswärmeübertragers in Abhängigkeit der Umgebungstemperatur erfolgt. Desweiteren wurde eine Regelstrategie für die Frontend-Lüfter implementiert. Diese ermöglicht eine hinsichtlich Gesamtsystemeffizienz optimale Regelung des Luftmassenstromes über den Umgebungswärmeübertrager in Abhängigkeit der Fahrzeuggeschwindigkeit und Umgebungstemperatur.

Im Folgenden wird die Systemleistung des optimierten Gesamtsystems unter Grenzbetriebs- sowie kundenrelevanten Bedingungen bewertet. Die Bewertung erfolgte im Temperaturbereich von -20 bis 20 °C; für die Sommerlastfälle wurde vorausgesetzt, dass sich in Bezug auf die Effizienz des Gesamtsystems kein unterschiedliches Systemverhalten gegenüber dem Basissystem einstellt.

6.3 Quantitative Systemanalyse des optimierten Gesamtsystems im Grenzbetrieb

In Analogie zum Vorgehen in Kapitel 5.1 wurde zunächst das optimierte Gesamtsystem im Grenzbetrieb bei **-20 °C ohne Vorkonditionierung** untersucht. Eine wesentliche Änderung des Systemverhaltens gegenüber dem Basissystem tritt in Bezug auf das mittlere Komfortniveau im Fahrgastraum auf. Während mit dem Basissystem gegen Fahrtende lediglich eine mittlere Innenraumtemperatur von ca. 10 °C erreicht wird, kann mit dem optimierten Gesamtsystem die Komforttemperatur von 22 °C annähernd erreicht werden, siehe Abbildung 6.2. Darüber hinaus zeigt sich eine hohe Dynamik des Wärmepumpensystems, das bereits nach ca. 3 min. an der Drehzahlgrenze des Verdichters arbeitet. Das deutlich höhere mittlere Temperaturniveau drückt sich im Rahmen der Gesamtsystembewertung in einem von 0 auf ca. 0,5 gestiegenen Klimakomfortindex aus.

Die gegenüber dem Basissystem gesteigerte Effizienz der Heizleistungsbereitstellung äußert sich in einen um ca. 0.3 auf 1.1 gesteigerten Klimaeffizienzindex, siehe Abbildung 6.3(a). Zur gesteigerten Effizienz trägt vor allem die an den Motorkreislauf

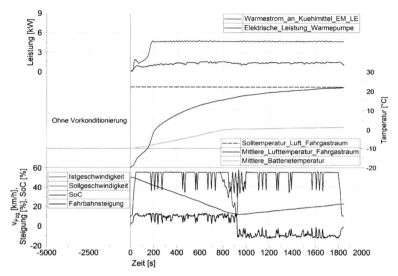

Abbildung 6.2 Fahrprofil Grossglockner, Umgebungstemperatur -20 °C, optimiertes Gesamtsystem – ausgewählte charakteristische Größen

übertragene Abwärme der Elektrischen Maschine sowie des Pulswechselrichters bei, die im Mittel über den gesamten Zyklus bei ca. 1,2 kW liegt. Die Regelung der Wärmepumpe sorgt für ein annähernd konstantes Niveau der Kühlmitteltemperatur, so dass näherungsweise der gesamte an den Kreislauf übertragene Wärmestrom zur Klimatisierung des Fahrgastraumes genutzt werden kann. Der Bypass des Hauptwasserkühlers ist während der gesamten Fahrt aktiv; infolgedessen wird durch den Kühler keine Wärme an die Umgebung abgegeben.

Da gegenüber dem Basissystem mit PTC der Energiebedarf des Verdichters während der Bergfahrt höher ist, werden kritische SoC-Stände, bei denen ein Folgen der Sollfahrkurve aufgrund einer Einschränkung der Entladeleistung nicht mehr möglich ist, früher erreicht. Infolgedessen sinkt der Fahrleistungsindex um ca. 1 % ab. Resultierend kommt es ebenso zu einem Absinken des Fahreffizienzindexes, da länger bei niedrigeren Lasten und damit geringeren Antriebswirkungsgraden gefahren wird. Für die Betriebskosten ergibt sich mit einem Plus von ca. 2 % gegenüber dem Basisszenario keine signifikante Änderung. In Summe ergibt sich – vor allem bedingt durch die verbesserte Systemperformance des Heiz-/Klimasystems mit einem höheren Temperaturniveau im Fahrgastraum – für den Winterlastfall im Grenzbetrieb eine Steigerung des Systemleistungsindex von 0,6 auf 0,76.

Findet vor Fahrtantritt eine **Konditionierung der HV-Batterie** sowie des **Fahrgastraums** statt, zeigt sich gegenüber dem Basisszenario ein vergleichbares Bild. Im

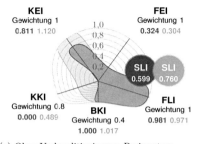

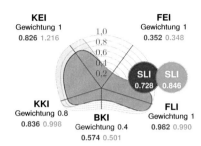

(a) Ohne Vorkonditionierung, Basissystem (grau) und optimiertes Gesamtsytem (blau)

(b) Mit Vorkonditionierung von HV-Batterie und Fahrgastraum, Basissystem (grau) und optimiertes Gesamtsytem (blau)

Abbildung 6.3 Ganzheitliche Systembewertung im Grenzbetrieb, Umgebungstemperatur -20 °C

direkten Vergleich zwischen Basis- und optimiertem Gesamtsystem ergibt sich hinsichtlich der Konditionierungsdauer (ca. 1 h 10 min.) kein signifikanter Unterschied. Wie aus Abbildung 6.3(b) ersichtlich, stellt sich für das optimierte Gesamtsystem ein Klimakomfortindex von annähernd 1 ein; die Heizleistung des Systems ist somit ausreichend, um die Soll-Innenraumtemperatur von 22 °C zu halten (vgl. Kapitel 5.1, Bewertung Basissystem). Infolgedessen stellt sich eine Reduktion der mittleren elektrischen Leistungsaufnahme des Verdichters um 1,2 kW bei gleicher zur Verfügung stehender Abwärme von Pulswechselrichter und Elektrischer Maschine ein. Dieses Systemverhalten führt zu einem gegenüber dem Basisszenario deutlich angestiegenen Klimaeffizienzindex von 1,2.

Die Betriebskosten des optimierten Gesamtsystems liegen um ca. 14 % höher. Verursacht werden die erhöhten Kosten durch die eingeschränkte Performance des Wärmepumpensystems während der Vorkonditionierung bei tiefen Außentemperaturen, da keine Abwärme der elektrischen Antriebsstrangkomponenten als zusätzliche Wärmequelle zur Verfügung steht. Während der Vorkonditionierung erhöht sich der Energiebedarf gegenüber der Basis um ca. 50 % bzw. ca. 3,5 kWh. Dieser Mehrverbrauch kann während der Fahrt – bei entsprechenden Effizienzvorteilen – nur teilweise kompensiert werden.

Zusammenfassend für den Grenzbetrieb stellt sich für das optimierte Gesamtsystem gegenüber dem Basissystem, insbesondere in Bezug auf den darstellbaren Innenraumkomfort, eine deutliche Verbesserung dar; eine signifikante oder sogar kritische Einschränkung der antriebsrelevanten Bewertungsdimensionen sowie der Betriebskosten findet nicht statt. Auf der Grundlage dieser Erkenntnisse soll im Folgenden eine Bewertung unter kundenrelevanten Betriebsbedingungen durchgeführt werden.

6.4 Quantitative Systemanalyse des optimierten Gesamtsystems im kundenrelevanten Betrieb

Die bereits im Grenzbetrieb identifizierten Unterschiede zwischen Basis- und optimiertem Gesamtsystem zeigen sich grundsätzlich auch unter kundenrelevanten Betriebsbedingungen, wobei sich die einzelnen Zieldimensionen in unterschiedlich starker Ausprägung verändern. Da bereits für das Basisszenario ein – unter Berücksichtigung der im Rahmen einer Vorwärtssimulation erreichbaren Abweichungen – ideales Folgen der Sollgeschwindigkeit möglich ist, ergibt sich für den Fahrleistungsindex keine Änderung, siehe Abbildung 6.4. In der Bewertung der Fahreffizienz ergibt sich ein leichter Vorteil für das optimierte Gesamtsystem. Diese Verbesserung ist im Wesentlichen auf die für das optimierte System ca. 10 % geringeren Batterieverluste, wovon ca. 4 % dem Antrieb zugeordnet werden können, zurückzuführen.

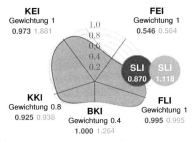

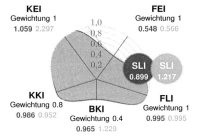

(a) Ohne Vorkonditionierung, Basissystem (grau) und optimiertes Gesamtsytem (blau)

(b) Mit Vorkonditionierung von HV-Batterie und Fahrgastraum, Basissystem (grau) und optimiertes Gesamtsytem (blau)

Abbildung 6.4 Ganzheitliche Systembewertung im kundenrelevanten Betrieb im Jahresmittel

Auch beim Klimakomfort ergeben sich keine signifikanten Änderungen durch den Einsatz des Wärmepumpensystems. Da wie beim Basissystem die Heiz- bzw. Kühlleistung zum Halten der Soll-Innenraumtemperatur ausreichend ist, beruhen die Abweichungen für das Szenario mit Vorkonditionierung nur auf einer unterschiedlichen Qualität der implementierten Regelungen, nicht auf technischen Unterschieden beider Systeme. Für das Szenario ohne Vorkonditionierung ergibt sich ein leichter Vorteil für das Wärmepumpensystem, der auf die höhere Dynamik der Wärmebereitstellung bei -7 °C zurückzuführen ist[2].

---

[2]Bei -7 °C wird mit dem Wärmepumpensystem die Soll-Innenraumtemperatur 12 min. früher als mit dem Basissystem erreicht.

Die wesentlichste Veränderung zwischen Basis- und optimiertem Gesamtsystem tritt bei der Klimaeffizienz ein. Waren bei tiefen Umgebungstemperaturen die Effizienzvorteile weniger deutlich ausgeprägt, siehe Abschnitt 6.4, so kommen diese im kundenrelevanten Betrieb deutlich zum Tragen. In Tabelle 6.2 sind die Klimaeffizienzindizes im kundenrelevanten Betrieb dargestellt.

Tabelle 6.2 Vergleich der Klimaeffizienzindizes von Basis- und optimiertem Gesamtsystem

Außen-temperatur	ohne Vorkonditionierung		mit Vorkonditionierung	
	Basissystem	opt. System	Basissystem	opt. System
-7 °C	0.940	1.330	0.992	1.525
7 °C	0.936	2.434	1.020	3.014
20 °C	0.873	1.275	1.004	1.677
35 °C	1.431	1.431	1.497	1.497

Es zeigt sich, dass bei Einsatz eines Wärmepumpensystems mit der in Kapitel 6.2 beschriebenen Ausprägung vor allem im moderaten Heizbetrieb, im Temperaturbereich um 7 °C, deutliche Effizienzvorteile erzielen lassen. Hierbei stellt sich die Steigerung sowohl im Szenario ohne Vorkonditionierung (+160 %) wie auch mit Vorkonditionierung (+195 %) ein. Auf Basis der in Kapitel 3.3.2 beschriebenen Bewertungsmethodik unter Einbeziehung der Auftretenshäufigkeit einzelner Klimapunkte vor Kunde im Markt Deutschland wurde dem 7 °C-Fall eine Häufigkeit von 50 % zugeordnet. Die Vorteile des Wärmepumpensystems in diesem Temperaturpunkt wirken sich signifikant auf die Systemleistungsbewertung im Jahresmittel aus.

Die dargestellten Effizienzvorteile spiegeln sich in einem um ca. 25 % verbesserten Betriebskostenindex wieder. Diese Verbesserung entspricht einer Reduktion des Energieverbrauchs gegenüber dem Basissystem um 20 %. Neben den somit reduzierten Betriebskosten in der Nutzungsphase profitiert der Kunde von der erhöhten elektrischen Reichweite des Fahrzeugs, hier exemplarisch für den -7 °C-Fall und einen nutzbaren Batterieenergieinhalt von 20 kWh (analog Beispielrechnung in Kapitel 1.2.3) dargestellt. Unter der Prämisse, dass das Fahrzeug jeweils im 4. NEFZ in Bezug auf den Verbrauch einen quasistationären Zustand[3] erreicht und unter Vernachlässigung möglicher Einschränkungen von Batterie- und Traktionsleistung bzw. Degradationseinflüssen bei niedrigem Ladezustand der Traktionsbatterie, ergibt sich für eine Leerfahrt, d.h. unter Ausnutzung des gesamten nutzbaren Batterieenergieinhalts, ein Reichweitenvorteil von ca. 18 km (ohne Vorkonditionierung) bzw. 19 km (mit Vorkonditionierung).

Insgesamt wird mit dem Wärmepumpensystem eine signifikante Steigerung der Systemleistung im kundenrelevanten Betrieb erreicht, ohne die Performance im Grenz-

---

[3]Auf dieser Basis ist eine Extrapolation der Reichweite mit dem Energieverbrauch im 4. NEFZ zulässig.

betrieb negativ zu beeinträchtigen. Insbesondere im kundenrelevanten Betrieb ist auf Basis der dargestellten Ergebnisse eine deutliche Steigerung der elektrischen Reichweite zu erwarten, wenn der Kunde eine hohes Innenraum-Komfort-Niveau anfordert[4]. Das Maß der energetischen Vorteile eines Wärmepumpensystems ist hierbei unmittelbar abhängig von der Außentemperatur. Vor diesem Hintergrund sollte eine Bewertung der Wirksamkeit einer solchen technischen Maßnahme vor Kunde marktspezifisch und unter Berücksichtigung der jeweiligen Umgebungstemperatur- und Kundennutzungsbedingungen erfolgen.

---

[4]Schnelles Erreichen einer gewünschten Soll-Innenraumtemperatur im Bereich 22 °C

7 Fazit und Ausblick

Mit der im Rahmen dieser Arbeit aufgebauten Gesamtfahrzeugsimulation für rein elektrisch angetriebene Fahrzeuge konnte eine valide Bewertungsplattform von Energieeffizienzmaßnahmen für unterschiedliche Zielmärkte geschaffen werden. Der Einsatz einer gekoppelten Gesamtfahrzeugsimulation mit den daraus resultierenden Vorteilen einer modularen Modellstruktur unter teilweiser Nutzung bereits vorhandener Modelle hat sich hinsichtlich des Einsatzes innerhalb eines Automobilkonzerns als zielführend bewährt. Insbesondere bei einer Realisierung mit vergleichsweise hohem Detaillierungsgrad ist die Möglichkeit, unterschiedliche Softwaretools einsetzen zu können, ein deutlicher Vorteil.

Als Herausforderung hat sich die Abbildung der thermischen Interaktion der einzelnen Komponenten im Gesamtfahrzeug dargestellt. Zwar können die elektrischen und mechanischen Zusammenhänge auf Basis von Prüfstandsversuchen mit Einzelkomponenten gut identifiziert und modelliert werden, für das thermische Übertragungsverhalten der Komponenten liegen hingegen – insbesondere im Systemverbund – nur wenig Erfahrungswerte vor, so dass Prognosen erst nach erfolgter Modellabstimmung auf Basis von Gesamtfahrzeugmessungen möglich sind. Bei einer abweichenden Triebstrangtopologie oder einer abweichenden thermischen Anbindung einzelner Komponenten muss diese Abstimmung erneut erfolgen. Die erforderlichen Validierungsmessungen sind hinsichtlich der benötigten Messtechnik und der notwendigen Varianz bei Last- und Umgebungsbedingungen nur mit hohen Aufwänden durchführbar. Die Übertragbarkeit der entwickelten Methodik auf andere Fahrzeugprojekte ist damit stark von der Anzahl und Ausprägung der Änderung im Gesamtsystem abhängig.

Dennoch ergibt sich schon durch die Realisierung in einem einzelnen Fahrzeugprojekt ein erheblicher Mehrwert, da die grundsätzlichen physikalischen Effekte unter verschiedenen Randbedingungen reproduzierbar sichtbar gemacht werden können und so ein deutlicher Beitrag für ein tieferes Verständnis des Gesamtsystems geleistet werden kann. Durch die breite Absicherung des Gesamtfahrzeugmodells wird eine Bewertung von Regelalgorithmen für Teilsysteme, einer Variation der Fahrwiderstandsparameter wie auch annähernd beliebigen Fahrprofilen ermöglicht. Infolgedessen wurde gemeinsam mit der Universität Kassel und der Gesamtfahrzeugentwicklung der Volkswagen AG eine Nachfolgearbeit initiiert, in der die Implementierung der entwickelten Methode für ein Plug-in Hybridfahrzeug untersucht wird.

In Verbindung mit der entwickelten Bewertungsmethodik ist eine ganzheitliche und gleichzeitig differenzierte technische Systembewertung unter Berücksichtigung der gegenläufigen Zieldimensionen Fahr- und Innenraumkomfort, Energieeffizienz und

Betriebskosten für Grenzbetriebs- wie auch kundenrelevante Betriebsbedingungen möglich. Durch eine unterschiedliche Gewichtung der einzelnen Zieldimensionen ist eine Anwendung in anderen Fahrzeugprojekten – mit potentiell abweichenden Eigenschafts-Zielwerten – möglich. Zusätzlich besteht die Möglichkeit, durch eine Anpassung der Gewichtung der einzelnen Klimapunkte im kundenrelevanten Betrieb, eine Bewertung für unterschiedliche Märkte vorzunehmen.

A Anhang A

A.1 Downhill-Simplex-Verfahren (nach Nelder und Mead)

Im Folgenden soll die Anwendung des Downhill-Simplex-Verfahrens für eine beliebige Zielfunktion $f(\vec{p}), p \in \mathbb{R}^n$ mit $n \geq 2$ dargestellt werden. Als Startwert dient ein Anfangssimplex,

$$\Delta = [\vec{p^1}, ..., \vec{p^{n+1}}] \subset \mathbb{R}^n \,, \tag{A.1}$$

wobei die Kanten $\vec{p^i} - \vec{p^1}, i = [2, ..., n+1]$ linear unabhängig sind. Nach [65] ist dies für $n = 2$ ein nicht entartetes Dreieck, für $n = 3$ ein nichtentartetes Tetraeder.

Im ersten Schritt der Iteration werden für den Anfangssimplex folgende Parametersätze mit $s, a, b \in [1, ..., n+1]$ bestimmt:

$$\vec{p^s} := argmax\{f(\vec{p}) : \vec{p} \in \Delta\} \qquad (Schlechtester\,Punkt) \tag{A.2a}$$

$$\vec{p^a} := argmax\{f(\vec{p}) : \vec{p} \in \Delta, a \neq s\} \qquad (Zweitschlechtester\,Punkt) \tag{A.2b}$$

$$\vec{p^b} := argmin\{f(\vec{p}) : \vec{p} \in \Delta, b \neq s, a\} \qquad (Bester\,Punkt) \tag{A.2c}$$

In einem zweiten Schritt ist dann das Zentrum der n besten Punkte $\vec{p^z}$ zu bestimmen,

$$\vec{p^z} := \frac{1}{n} \cdot \sum_{i \neq s} \vec{p^i} \,. \tag{A.3}$$

In einem dritten Schritt wird anschließend der schlechteste Punkt $\vec{p^s}$ am Zentrum $\vec{p^z}$ reflektiert, siehe auch Abbildung A.1 oben links,

$$\vec{p^r} := \vec{p^z} + \alpha_{exp} \cdot (\vec{p^z} - \vec{p^s}), \qquad \text{wobei in der Regel } \alpha_{exp} = 1 \text{ gilt.} \tag{A.4}$$

In Abhängigkeit des Funktionswertes $\vec{p^r}$ wird dann in einem vierten Schritt eine der in Abbildung A.1 dargestellten Austauschoperationen durchgeführt, so dass ein neuer Simplex erhalten wird. Durch Iteration über die dargestellten vier Schritte erfolgt die Annäherung an ein lokales Minimum.

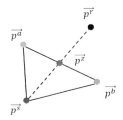

(a) **Reflexion am Zentrum**
(Ausgangsoperation)

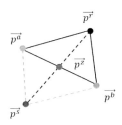

(b) **Reflexion**
$f(\vec{p^b}) < f(\vec{p^r}) < f(\vec{p^a})$

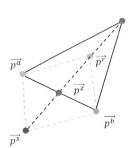

(c) **Expansion**
$f(\vec{p^r}) < f(\vec{p^b}) < f(\vec{p^a})$

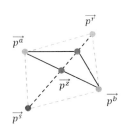

(d) **Äußere Kontraktion**
$f(\vec{p^a}) < f(\vec{p^r}) < f(\vec{p^s})$

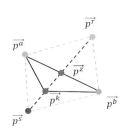

(e) **Innere Kontraktion**
$f(\vec{p^a}) < f(\vec{p^s}) < f(\vec{p^r})$

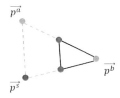

(f) **Schrumpfen**
$f(\vec{p^k}) < f(\vec{p^s})$

Abbildung A.1 Austauschoperationen beim Downhill-Simplex-Verfahren

B Anhang B

B.1 Wärmeübergangskoeffizient eines Rohres

Im Folgenden soll beispielhaft der Wärmeübergangskoeffizient zwischen Fluid und Rohrwand für einen typischen Rohrabschnitt als Teil eines Fluidkreislaufes im Fahrzeug dargestellt werden. Als Fluid wird – wie im Prüfstandsbetrieb üblich – Wasser mit einer über den Rohrabschnitt mittleren Temperatur von 40 °C angenommen; der betrachtete Rohrabschnitt habe eine Länge l von 1 m. Weitere zur Berechnung notwendige Geometrie- und Stoffdaten sind in Tabelle B.1 dargestellt.

Tabelle B.1 Geometrie- und Stoffdaten zur Berechnung des Wärmeübergangs an ein Rohr

Parameter	Formel-zeichen	Einheit	Wert
Rohrinnendurchmesser	D_i	m	$0,016$
Wasservolumenstrom	$\dot{V}_f$	$\frac{l}{min}$	6
Kinematische Viskosität	μ_f	$\frac{m^2}{s}$	$0,658 \cdot 10^{-6}$
Temperaturleitfähigkeit	a	$\frac{m^2}{s}$	$0,152 \cdot 10^{-6}$
Wärmeleitfähigkeit	λ	$\frac{W}{m \cdot K}$	$0,6286$

In einem ersten Schritt ist zu prüfen, ob die Strömung laminar oder turbulent ist, siehe Gleichung B.1. Für eine Reynolds-Zahl $Re_{Rohr} > 10^4$ kann von einer turbulenten Strömung ausgegangen werden.

$$Re_{Rohr} = \frac{v_\infty \cdot D_i}{\mu_f} = \frac{\dot{V}_f \cdot l}{\frac{\pi}{4} \cdot D_i^2 \cdot \mu_f} \approx 1,2 \cdot 10^4 > 10^4 \tag{B.1}$$

In Verbindung mit der Prandtl-Zahl Pr, einer reinen Stoffgröße als Verhältnis von

C

kinematischer Viskosität ν und Temperaturleitfähigkeit a,

$$Pr(\vartheta = 40°C) = \frac{\mu(40°C)}{a(40°C)} = 4,341 \qquad \text{(B.2)}$$

ergibt sich die mittlere Nusselt-Zahl $Nu_{mittel,fc}$ nach [90] zu

$$Nu_{mittel,fc} = \frac{(\xi/8) \cdot Re_{Rohr} \cdot Pr}{1 + 12,7 \cdot \sqrt{\xi/8} \cdot (Pr^{\frac{2}{3}} - 1)} \cdot \left[1 + \left(\frac{D_i}{l}\right)^{\frac{2}{3}}\right] \approx 84 \qquad \text{(B.3a)}$$

mit

$$\xi = (1,8 \cdot \log_{10} Re - 1,5)^{-2}. \qquad \text{(B.3b)}$$

Der Wärmeübergangskoeffizient ergibt sich damit zu

$$\alpha_{konv} = \frac{Nu_{mittel,fc} \cdot \lambda}{D_i} \approx 3300 \frac{W}{m^2 \cdot K}. \qquad \text{(B.4)}$$

In Verbindung mit der überströmten Rohrfläche A_i ergibt sich der $\alpha \cdot A$-Wert zu ca. $165 \frac{W}{K}$. Es ist zu beachten, dass der Wärmedurchgangswert in Abhängigkeit von Rohrdicke, -material und Umströmungssituation deutlich darunter liegt.

B.2 Berechung des Colburn-Faktors

Aktuelle Verdampfer in Flachrohr-Bauform bestehen aus zwei sich gegenüberliegenden Tanks, die über mehrere extrudierte Mehrkammerrohre miteinander verbunden sind. Über diese Rohre wird das Kältemittel parallel von einem zum anderen Tank geführt (Parallel-Flow-Prinzip) und dann mittels einer Umlenkung zurückgeführt. Über Separatoren in den Tanks kann beeinflusst werden, durch jeweils wie viele Rohre eine parallele Fluidführung erfolgt. Hierdurch wird eine Anpassung der Fluidführung an die vorherrschenden Strömungsverhältnisse der Luft erreicht, so dass eine maximale Wärmeabfuhr ermöglicht wird.

Zwischen den Rohren werden in der Regel gebogene Lamellenpakete mit Ausstellung eingesetzt, um den luftseitigen Wärmeübergang durch große überströmte Flächen und turbulente Strömungsverhältnisse zu optimieren [10].

Der Wärmeübergang in Wärmeübertragern wird häufig über den Colburn-Faktor j in Abhängigkeit der dimensionslosen Nusselt-, Reynolds- (siehe Gleichung B.6) und Prandtl-Zahl charakterisiert [83]. Hierbei gilt allgemein

$$j = \frac{Nu}{Re \cdot Pr^{1/3}}. \qquad \text{(B.5)}$$

D

Für die Berechung des Colburn-Faktors j nach Chang und Wang sind folgende geometrische Größen von Bedeutung, siehe auch Abbildung B.1:

ι_Θ Winkel der Ausstellung

ι_{FP} Lamellenbreite (fin pitch)

ι_{LP} Breite der Ausstellungen (louver pitch)

ι_{F1} Länge der Ausstellungen (fin lenght)

ι_{TD} Tiefe der Rohre (tube depth)

ι_{L1} Länge der Ausstellungen (louver lenght)

ι_{TP} Abstand der Rohre (tube pitch)

ι_δ Lamellendicke

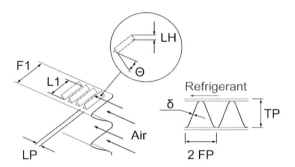

Abbildung B.1 Geometrie am Wärmeübertrager zur Berechnung des Colburn-Faktors (Geometriegrößen nach [15]). Links: Lamellenpaket mit Ausstellungen. Rechts: Lamellen mit oben-/untenliegenden, kältemittelführenden Flachrohren

Unter Verwendung der Reynoldszahl für die Luftströmung

$$Re_{CF} = \frac{|v_L| \cdot \iota_{LP}}{\mu_L} \tag{B.6}$$

lässt sich dann der Colburn-Faktor j berechnen:

$$j = Re_{CF}^{-0,49} \cdot \left(\frac{\iota_\Theta}{90°}\right)^{0,27} \cdot \left(\frac{\iota_{FP}}{\iota_{LP}}\right)^{-0,14} \cdot \left(\frac{\iota_{F1}}{\iota_{LP}}\right)^{-0,29} \cdot \left(\frac{\iota_{TD}}{\iota_{LP}}\right)^{-0,23}$$
$$\cdot \left(\frac{\iota_{L1}}{\iota_{LP}}\right)^{0,68} \cdot \left(\frac{\iota_{TP}}{\iota_{LP}}\right)^{-0,28} \cdot \left(\frac{\iota_\delta}{\iota_{LP}}\right)^{-0,05} \tag{B.7}$$

C Anhang C

C.1 Systembewertung im Kundenbetrieb (Basis)

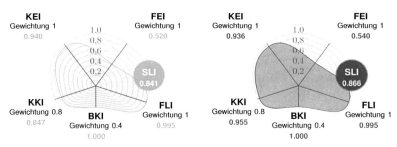

(a) Umgebungstemperatur -7 °C (b) Umgebungstemperatur 7 °C

(c) Umgebungstemperatur 20 °C (d) Umgebungstemperatur 35 °C

Abbildung C.1 Systembewertung im kundenrelevanten Betrieb, Basisszenario ohne Vorkonditionierung

C.2 Systemverhalten Szenarieneinflussanalyse

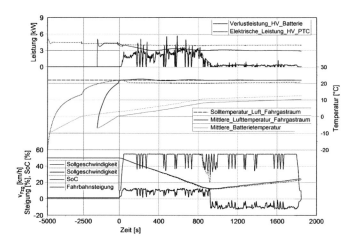

Abbildung C.2 Fahrprofil Grossglockner, -7 °C, Start-SoC 50 % - ausgewählte charakteristische Größen (——: Betrachtetes Szenario, ⋯⋯: Referenz)

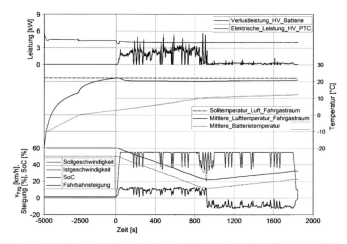

Abbildung C.3 Fahrprofil Grossglockner, -20 °C, Start-SoC 60 % - ausgewählte charakteristische Größen (——: Betrachtetes Szenario, ⋯⋯: Referenz)

Literaturverzeichnis

[1] ASTON UNIVERSITY: *Data Analysis Report: of ultra-low carbon vehicles from the CABLED trial: A report to: Technology Strategy Board.* 2009

[2] AUDI AG: *E-Mobilität aus Sicht Markt und Kunde.* 14.10.2009

[3] BAEHR, H. D. ; KABELAC, S.: *Thermodynamik: Grundlagen und technische Anwendungen.* 14. aktualisierte Auflage. Berlin and Heidelberg : Springer, 2009. – ISBN 978-3-642-00555-8

[4] BAEHR, H. D. ; STEPHAN, K.: *Wärme- und Stoffübertragung.* 7. Auflage. Berlin and New York : Springer, 2010. – URL http://site.ebrary.com/lib/alltitles/docDetail.action?docID=10408741. – ISBN 978-3-642-10194-6

[5] BAUMGART, Rico: *Reduzierung des Kraftstoffverbrauches durch Optimierung von Pkw-Klimaanlagen.* Auerbach and Chemnitz : Verl. Wiss. Scripten, 2010. – ISBN 978-3-942267-01-4

[6] BETZ, J. (Hrsg.) ; ANZENBERGER, Thomas (Hrsg.) ; KOBS, Thomas (Hrsg.): *CONTRIBUTION OF THE SIMULATION TO THE OPTIMIZATION OF THE THERMAL MANAGEMENT OF VEHICLES.* 2008. (FISITA Congress 2008. Part 12 - Testing and Simulation. F2008-12-100)

[7] BOCKHOLT, Marcos: *Dynamische Optimierung von mobilen CO2-Klimaanlagen mit innovativen Komponenten.* Düsseldorf : VDI-Verl, 2009. – URL http://www.worldcat.org/oclc/530340542. – ISBN 9783183587063

[8] BODMANN, M. ; BODMANN, M. (Hrsg.): *TP 6a,7 Energie-und Thermomanagement (HEAT): 3. Quartalsbericht 2011.* 01.10.2011

[9] BOEKESTYN, A. ; CHEW, E. ; GOYAL, P. ; LEIGH, G. ; PEDDER, S. ; PRAKASH, S. ; SACHAR, N. ; WOODROW, A.: *Supplier Business: The Advanced Automotive Energy Storage Report.* 2009

[10] BÖTTCHER, C.: *Wasserspeicherung in einem Pkw-Klimagerät.* Braunschweig, TU Braunschweig, Dissertation, 06.07.2006

[11] BRAESS, Hans H. ; SEIFFERT, Ulrich: *Vieweg Handbuch Kraftfahrzeugtechnik.* 4., vollst. überarb. u. erweiterte Auflage. Wiesbaden : Vieweg, 2005. – ISBN 3-528-33114-3

[12] BUNDESMINISTERIUM DER JUSTIZ: *Kraftfahrzeugsteuergesetz: KraftStG*

[13] BUNDESREGIERUNG: *Nationaler Entwicklungsplan Elektromobilität der Bundesregierung.* August 2009

[14] CARB (CALIFORNIA AIR RESOURCES PROGRAM): *California's Zero Emission Vehicle Program.* Juni 2009

[15] CHANG, Y.-J ; WANG, C.-C: A generalized heat transfer correlation for louver fin geometry. In: *Int. J. Heat Mass Transfer* 40 (1997), Nr. 3, S. 533–544

[16] DAIMLER AG: *Einfach elektrisch: smart fortwo electric drive.* 2012

[17] DEPARTMENT OF TRANSPORTATION (DoT): *Light-Duty Vehicle Greenhouse Gas Emission Standards and Corporate Average Fuel Economy Standards; Final Rule*

[18] DEUTSCHES INSTITUT FÜR NORMUNG E.V.: *Raumlufttechnik - Teil 3: Klimatisierung von Personenkraftwagen und Lastkraftwagen.* Juli 2006

[19] DEUTSCHES INSTITUT FÜR NORMUNG E.V.: *Ergonomie der thermischen Umgebung - Analytische Bestimmung und Interpretation der thermischen Behaglichkeit durch Berechnung des PMV- und des PPD-Indexes und Kriterien der lokalen thermischen Behaglichkeit.* Mai 2006

[20] DIBBERN, A.: *Ableitung von Kennwerten zur Systembeschreibung von Elektrofahrzeugen und Analyse von sekundären Gewichtspotentialen.* Wolfsburg, FH Ostfalia, Abschlussarbeit, 2011

[21] EHSANI, Mehrdad: *Modern electric, hybrid electric, and fuel cell vehicles: Fundamentals, theory, and design.* Boca Raton : CRC Press, 2005 (Power electronics and applications series). – URL http://www.loc.gov/catdir/enhancements/fy0647/2004054249-d.html. – ISBN 0849331544

[22] ELBEL, S.: *Elektrisch betriebene Kfz–Klimaanlagen: Potenziale, Herausforderungen und wesentliche Unterschiede im Vergleich zu herkömmlicher Technologie.* 16.09.2010

[23] ELEFTHERIADOU, S.: *Hightech - sichtbar gemacht: Der Antrieb des Mercedes-Benz SLS AMG E-CELL*

[24] EUROPÄISCHE UNION: *Verordnung (EG) Nr. 443/2009 des Europäischen Parlamentes und des Rates: (EG) Nr. 443/2009*

[25] FORD MOTOR COMPANY: *2012 Focus Electric.* 2011

[26] GAUGER, U. ; WIDDEKE, N.: *Kraftfahrzeug-Komponenten: Sommersemester 2007.* 2007

[27] GERSTENMAIER, Y.C ; KIFFE, W. ; WACHUTKA, G.: Combination of Thermal Subsystems Modeled by Rapid Circuit Transformation. In: *Collection of papers presented at the 13th International Workshop on Thermal Investigation of ICs and Systems.* Grenoble : EDA Publ., 2007. – ISBN 9782355000027

[28] GIFFI, C. ; VITALE, J. ; DREW, M. ; KUBOSHIMA, Y. ; SASE, M.: *Unplugged: Electric vehicle realities versus consumer expectations.* 2011

[29] GOLDFIEM, F. d. ; GOLDFIEM, F. d. (Hrsg.): *Renault Zoe.* 2012

[30] GOMBERT, B. ; FISCHER, R. ; HEINRICH, W.: Elektrische Radnabenmotoren:

I

Konstruktionskriterien und Fahrzeugintegration. In: *ATZ electronic* 5 (2010), Nr. 1, S. 8–14

[31] GROSSMANN, Holger: *Pkw-Klimatisierung: Physikalische Grundlagen und technische Umsetzung.* Berlin and Heidelberg : Springer, 2010. – ISBN 978-3-642-05494-5

[32] GRUNDHERR, J. v. ; MISCH, R. ; WIGERMO, H.: Verbrauchssimulationen für die Fahrzeugflotte. In: *Automobiltechnische Zeitschrift (ATZ)* 111 (2009), Nr. 3, S. 168–173

[33] GULDE, D.: Zähler-Stand. In: *Auto, Motor und Sport* (17.12.2009), Nr. 1/2010, S. 136–139

[34] HAMADA, K.: *Toyota's Activities on Power Electronics for Future Mobility.* 31.08.2011

[35] HAUPT, C. ; WACHTMEISTER, G. ; HÜBNER, W.: Die Gesamtfahrzeugsimulation zur Bewertung konventioneller und hybridisierter Antriebskonzepte unter Berücksichtigung thermischer Aspekte. In: STEINBERG, P. (Hrsg.): *Tagung Wärmemanagement des Kraftfahrzeugs VII (incl. Energiemanagement)* Bd. 7. Renningen : Expert-Verl., 2010, S. 80–104. – ISBN 978-3-8169-3024-2

[36] HEINLE, D. ; FEUERECKER, G. ; STRAUSS, T. ; SCHMIDT, M.: Zuheizsysteme: PTC-Zuheizer, Abgaswärmeübertrager, CO2-Wärmepumpen. In: *Automobiltechnische Zeitschrift (ATZ)* 105 (2003), Nr. 9, S. 846–851

[37] HERWIG, Heinz ; MOSCHALLSKI, Andreas: *Wärmeübertragung: Physikalische Grundlagen ; illustrierende Beispiele ; Übungsaufgaben mit Musterlösungen ; mit 41 Tabellen.* 2., überarb. und erweiterte Auflage. Wiesbaden : Vieweg + Teubner, 2009. – ISBN 978-3-8348-0755-7

[38] HUCHO, W.-H et a.: *Aerodynamik des Automobils: Strömungsmechanik, Wärmetechnik, Fahrdynamik, Komfort.* 5., völlig neu bearb. und erweiterte Auflage. Wiesbaden : Vieweg, 2005. – URL http://www.worldcat.org/oclc/314765418. – ISBN 9783528039592

[39] HÜTTENRAUCH, J.: Die zweite Generation des VW Polo BlueMotion. In: *Automobiltechnische Zeitschrift (ATZ)* 112 (2010), Nr. 2, S. 100–107

[40] IDELCIK, I. E.: *Handbook of hydraulic resistance.* 3. Mumbai : Jaico Publ. House, 2008. – ISBN 978-8179921180

[41] ITTERSHAGEN, M. ; STUTZ, P. (Hrsg.): *Automobilklimaanlagen mit fluoriertem Kältemittel.* 2011. – URL http://www.umweltbundesamt.de/produkte/fckw/automobilklimaanlagen.htm. – Zugriffsdatum: 22.03.2013

[42] JUNG, M.: *Herausforderungen an das Thermomanagement von Hybrid- und Elektrofahrzeugen.* 16.09.2010

[43] JUNG, M. ; KEMLE, A. ; STRAUSS, T. ; WAWZYNIAK, M.: Innenraumaufheizung von Hybrid- und Elektrofahrzeugen. In: *Automobiltechnische Zeitschrift (ATZ)* 113 (2011), Nr. 5, S. 396–401

J

[44] KIPP, Burghard: *Analytische Berechnung thermischer Vorgänge in permanent-magneterregten Synchronmaschinen.* Hamburg, Helmut-Schmidt-Universität, Dissertation, 2008

[45] KIRCHNER, E.: *Leistungsübertragung in Fahrzeuggetrieben: Grundlagen der Auslegung, Entwicklung und Validierung von Fahrzeuggetrieben und deren Komponenten.* 1. Auflage. Berlin Heidelberg : Springer, 2007. – ISBN 978-3-540-35288-4

[46] KÖHLER, J.: *Wärme- und Stoffübertragung: Skriptum zur Vorlesung.* 2005

[47] KOLAR, J. W. ; ERTL, H. ; ZACH, F. C.: Calculation of the passive and active component stress of three phase PWM converter systems with high puls rate. In: EPE (Hrsg.): *European Conference on Power Electronics and Applications EPE*, 1989, S. 1303–1311

[48] KOLBENSCHMIDT PIERBURG GROUP: *Elektrische Kühlmittelpumpen.* 2011

[49] KRAMPE, A.: *Temperaturregelung von luftgekühlten Traktionsbatterien in Elektro- und Hybridfahrzeugen.* Paderborn, Universität Paderborn, Abschlussarbeit, 2002

[50] KRAPF, T.: *Analyse des Energiebedarfes für das Aufheizen von Fahrzeuginnenräumen in rein elektrisch angetriebenen Fahrzeugen.* Stuttgart, Universität Stuttgart, Abschlussarbeit, Mai 2011

[51] LENZ, Hans P. (Hrsg.) ; INTERNATIONALES WIENER MOTORENSYMPOSIUM 22, 2001 W. (Hrsg.) ; ÖSTERREICHISCHER VEREIN FÜR KRAFTFAHRZEUGTECHNIK (Hrsg.): *22. Internationales Wiener Motorensymposium 26. - 27. April 2001: In zwei Bänden.* Bd. *455, Band 1.* Düsseldorf : VDI-Verl., 2001. (Fortschritt-Berichte VDI : Reihe 12, Verkehrstechnik, Fahrzeugtechnik 2). – ISBN 3183455129

[52] LIEBER, T.: *Strategien des Volkswagen Konzerns bei der E-Mobilität.* 18.11.2010

[53] LIKAR: *iMiev - the product.* 17.06.2009

[54] LUND, C. ; MAISTER, W. ; LANGE, Christian ; BEYER, B.: Innovation durch Co-Simulation! In: STEINBERG, Peter (Hrsg.): *Wärmemanagement des Kraftfahrzeugs VI* Bd. 93. Renningen : Expert-Verl., 2008. – ISBN 978-3-8169-2820-1

[55] MANAGER MAGAZIN VERLAGSGESELLSCHAFT MBH ; BALZER, A. (Hrsg.): *Daimler fixiert E-Motor-Kooperation mit Bosch.* 2011. – URL http://www.manager-magazin.de/unternehmen/autoindustrie/0,2828, 774011,00.html. – Zugriffsdatum: 22.03.2013

[56] MEINS, J.: Zapfhahn für Elektroautos: Die Reichweite spielt eine zentrale Rolle für die Akzeptanz der Elektromobilität – und mit ihr das Laden der Traktionsbatterie. Es existieren drei grundsätzliche Ladekonzepte, die sich für jeweils bestimmte Situationen optimal eignen. In: *Automobil Industrie IN-*

SIGHT (2010), S. 49–51

[57] MEYWERK, Martin: *CAE-Methoden in der Fahrzeugtechnik.* 1. Berlin : Springer, 2007. – ISBN 978-3-540-49866-7

[58] MITSUBISHI MOTORS CORP.: *i-MiEV - Technische Daten.* Mai 2012

[59] MORAWIETZ, L. ; KUTTER, S. ; FALSETT, R. ; BÄKER, B.: Thermoelektrische Modellierung eines Lithium-Ionen-Energiespeichers für den Fahrzeugeinsatz. In: STEIGER, W. (Hrsg.): *Innovative Fahrzeugantriebe.* Dresden : VDI-Verlag GmbH, 2002. – ISBN 978-3180917047

[60] NAKAZAWA, S.: The Nissan Leaf Electric Powertrain. In: LENZ, H. P. (Hrsg.): *32. Internationales Wiener Motorensymposium, 5. - 6. Mai 2011* Bd. 2. Düsseldorf : VDI-Verl, 2011, S. 330–341. – ISBN 978-3-18-373512-9

[61] NATIONALE PLATTFORM ELEKTROMOBILITÄT ; GEMEINSAME GESCHÄFTS-STELLE ELEKTROMOBILITÄT DER BUNDESREGIERUNG (GGEMO) (Hrsg.): *Zweiter Bericht der Nationalen Plattform Elektromobilität.* Mai 2011

[62] NELDER, J. A. ; MEAD, R.: A simplex method for function minimization. In: *Computer Journal* (1965), Nr. 7, S. 308–313

[63] NHTSA: *NHTSA and EPA establish new national programm to improve fuel economy and reduce greenhouse gas emissions for passenger cars and light trucks.* 2010

[64] NISSAN CENTER EUROPE GMBH: *Nissan Leaf.* 2012

[65] OBERLE, H. J. ; OBERLE, H. J. (Hrsg.): *Optimierung: Skript zur Vorlesung.* 2011

[66] PERLO, P. ; MEYER, G.: *ICT for the Fully Electric Vehicle: Research Needs and Challenges Ahead.* 12/2010

[67] PIKE, E. ; SHULOCK, C.: *Vehicle Electrifikation - An International Perspective.* 30.06.2011

[68] PUNTIGAM, Wolfgang ; LANG, G. ; PETUTSCHNIG, H. ; ALMBAUER, R.: *Instationäre Simulation des Thermischen Verhaltens von Fahrzeugen durch Kopplung von Teilmodellen am Beispiel des Motoraufwärmverhaltens.* 2006

[69] RAHN, T.: *Analyse von verbrauchs- und reichweitenrelevanten Fahrzeugparametern zur Erstellung kundenrelevanter Nutzungsprofile für E-Fahrzeuge aus Flottenversuchen.* Bremen, Universität Bremen, Abschlussarbeit, 20.11.2010

[70] RECKNAGEL, H. ; GINSBERG, O. ; GEHRENBECK, K. ; SPRENGER, E. ; HÖNMANN, W. ; SCHRAMEK, E.-R: *Taschenbuch für Heizung und Klimatechnik: Einschließlich Warmwasser- und Kältetechnik : mit über 2100 Abbildungen und über 350 Tafeln sowie 4 Einschlagtafeln : [07/08].* 73. Auflage. München : Oldenbourg Industrieverlag, 2007. – ISBN 978-3-8356-3104-5

[71] RENAULT ÖSTERREICH GMBH: *Zoe: Preise gültig ab 20.07.2012 Daten Stand 23.07.2012.* 2012

[72] RICHTER, C.: *Proposal of New Object-Oriented Equation-Based Model Libraries for Thermodynamik Systems*. Braunschweig, TU Braunschweig, Dissertation, 11.01.2008

[73] ROHDE-BRANDENBURGER, K.: *Einführung in die CO2-Thematik: 1. Teilvorlesung*. 2011

[74] ROLAND BERGER STRATEGY CONSULTANTS: *Study Powertrain 2020: China's ambition to become market leader in E-Vehicles*. July 2009

[75] ROSANDER, P. ; BEDNAREK, G. ; SEETHARAMAN, S. ; KAHRAMAN, A.: Entwicklung eines Wirkungsgradmodells für Schaltgetriebe. In: *Automobiltechnische Zeitschrift (ATZ)* 110 (2008), Nr. 4, S. 346–357

[76] SATO, N.: Thermal behaviour analysis of lithium-ion batteries for electric and hybrid vehicles. In: *Journal of Power Sources* (2001), Nr. 99, S. 70–77

[77] SCHÄFER, U.: *Elektrifizierter Antriebsstrang*. 18.08.2009

[78] SCHNEIDER, T. ; ELLINGER, M. ; PAULKE, S. ; WAGNER, S. ; PASTOHR, H.: Modernes Thermomanagement am Beispiel der Innenraumklimatisierung. In: *Automobiltechnische Zeitschrift (ATZ)* 109 (2007), Nr. 2, S. 162–169

[79] SCHÖTTLE, M.: Toyota Prius Plug-in: Prototyp im Flottentest. In: *ATZ electronic* 5 (2010), Nr. 6, S. 42–45

[80] SCHRÖDER, Dierk: *Elektrische Antriebe - Grundlagen: Mit durchgerechneten Übungs- und Prüfungsaufgaben*. Berlin and Heidelberg : Springer-Verlag Berlin Heidelberg, 2009 (Springer-11774 /Dig. Serial]). – URL http://dx.doi.org/10.1007/978-3-642-02990-5. – ISBN 978-3-642-02989-9

[81] SPECOVIUS, J.: *Grundkurs Leistungselektronik: Bauelemente, Schaltungen und Systeme*. 5. Auflage. Wiesbaden : Vieweg + Teubner, 2011. – ISBN 978-3-8348-1647-4

[82] STRUPP, N. C. ; LEMKE, N. ; KÖHLER, J. (Hrsg.): *Klimatische Daten und Pkw-Nutzung: Klimadaten und Nutzungsverhalten zu Auslegung, Versuch und Simulation an Kraftfahrzeug-kälte-/Heizanlagen in Europa, USA, China und Indien*. 2009

[83] TANDOGAN, E.: *Optimierter Entwurf von Hochleistungswärmeübertragern*. Bochum, Ruhr-Universität Bochum, Dissertation, 01.06.2001

[84] THE FRANK LATZER GROUP: *Unternehmensstudie Elektro-Traktion Renault S.A. - Abschlussdokument -*. 12. Februar 2010

[85] UMWELT, Naturschutz und R. Bundesministerium für: *Konzept eines Programms zur Markteinführung von Elektrofahrzeugen: 1. Schritt: Marktaktivierung von 100.000 Elektrofahrzeugen bis 2014*. 15.9.2009

[86] UNECE: *Regelung Nr. 101*. 13.02.2008

[87] UNECE: *Regelung Nr. 13-H*. 17.03.2010

[88] UNITED NATIONS FRAMEWORK CONVENTION ON CLIMATE CHANGE: *Re-*

M

port of the Conference of the Parties on its fifteenth session, held in Copenhagen from 7 to 19 December 2009. 30.03.2009

[89] VARESI, A.: *Kurz- und mittelfristige Erschließung des Marktes für Elektroautomobile Deutschland - EU*. Oktober 2009

[90] VEREIN DEUTSCHER INGENIEURE (Hrsg.): *VDI-Wärmeatlas*. 10. bearb. u. erweiterte Auflage. Berlin and Heidelberg and New York : Springer, 2006 (VDI). – ISBN 978-3-540-25504-8

[91] VEZZINI, Andrea: Lithiumionen-Batterien als Speicher für Elektrofahrzeuge: Teil 1. In: *Bulletin SEV/AES* (2009), Nr. 3, S. 21–25

[92] VOLKSWAGEN AG: *Selbststudienprogramm 208 - Teil 2: Klimaanlagen im Kraftfahrzeug: Grundlagen*. 25.05.2010

[93] VOLLMER, A.: Elektroautos im Überblick: Etwas Historie, viel Gegenwart und ein Blick auf die Zukunft - das präsentiert ihnen AUTOMOBIL-ELEKTRONIK in diesem Beitrag zum Thema Elektroauto. In: *Automobil-Elektronik* (2009), Nr. Juni, S. 20–23

[94] VOLVO CAR CORPORATION: *The Volvo C30 Electric tested in rough winter conditions*. 2011

[95] WAGNER, W.: *Strömung und Druckverlust: Mit Beispielsammlung*. 5., überarb. und erweiterte Auflage. Würzburg : Vogel, 2001. – URL http://www.worldcat.org/oclc/76228914. – ISBN 9783802318795

[96] WEIGAND, B. ; KÖHLER, J. ; WOLFERSDORF, J. v.: *Thermodynamik kompakt*. Berlin and and Heidelberg : Springer, 2008. – URL http://www.worldcat.org/oclc/246625928. – ISBN 978-3-540-71865-9

[97] WIEBELT, A. ; ISERMEYER, T. ; SIEBRECHT, T. ; HECKENBERGER, T.: Thermomanagement von Lithium-Ionen-Batterien. In: *Automobiltechnische Zeitschrift (ATZ)* 111 (2009), Nr. 7-8, S. 500–504

[98] WIEDEMANN, J.: *Skript Kraftfahrzeuge I: Wintersemester 2005/2006*. 2005

[99] WIETSCHEL, M. ; DÜTSCHKE, E. ; FUNKE, S. ; PETERS, A. ; PLÖTZ, P. ; SCHNEIDER, U. ; ROSER, A. ; GLOBISCH, J.: *Kaufpotenzial für Elektrofahrzeuge bei sogenannten „Early Adoptern": Studie im Auftrag des Bundesministeriums für Wirtschaft und Technologie (BMWi): Endbericht*. Juni 2012

[100] WINNER, H. ; HAKULI, S. ; WOLF, G.: *Handbuch Fahrerassistenzsysteme*. 2. Auflage. Dordrecht : Springer, 2012. – URL http://www.gbv.eblib.com/patron/FullRecord.aspx?p=885634. – ISBN 978-3-8348-1457-9

[101] WINTERHOFF, M. ; KAHNER, C. ; ULRICH, C. ; SAYLER, P. ; WENZEL, E.: *Zukunft der Mobilität 2020: Die Automobilindustrie im Umbruch?* 2009

[102] WITTE, B. ; BARTHENHEIER, T.: eBKV - der Elektromechanische Bremskraftverstärker. In: VEREIN DEUTSCHER INGENIEURE (Hrsg.): *Reifen - Fahrwerk - Fahrbahn im Spannungsfeld Kosten, Technologie und Umwelt* Bd. 2014, CD-ROM. Düsseldorf : VDI-Verl, 2007, S. 81–100. – ISBN 978-3-18-092014-6